T0195053

essentials

essentials liefern aktuelles Wissen in konzentrierter Form. Die Essenz dessen, worauf es als „State-of-the-Art" in der gegenwärtigen Fachdiskussion oder in der Praxis ankommt. *essentials* informieren schnell, unkompliziert und verständlich

- als Einführung in ein aktuelles Thema aus Ihrem Fachgebiet
- als Einstieg in ein für Sie noch unbekanntes Themenfeld
- als Einblick, um zum Thema mitreden zu können

Die Bücher in elektronischer und gedruckter Form bringen das Expertenwissen von Springer-Fachautoren kompakt zur Darstellung. Sie sind besonders für die Nutzung als eBook auf Tablet-PCs, eBook-Readern und Smartphones geeignet. *essentials:* Wissensbausteine aus den Wirtschafts-, Sozial- und Geisteswissenschaften, aus Technik und Naturwissenschaften sowie aus Medizin, Psychologie und Gesundheitsberufen. Von renommierten Autoren aller Springer-Verlagsmarken.

Weitere Bände in dieser Reihe http://www.springer.com/series/13088

Henning Thomas

Rechtliche Rahmenbedingungen der Energiespeicher und der Sektorkopplung

EnWG mit Strommarktgesetz, EEG 2017 und KWKG 2016

Henning Thomas
Lüneburg, Deutschland

ISSN 2197-6708 ISSN 2197-6716 (electronic)
essentials
ISBN 978-3-658-17640-2 ISBN 978-3-658-17641-9 (eBook)
DOI 10.1007/978-3-658-17641-9

Die Deutsche Nationalbibliothek verzeichnet diese Publikation in der Deutschen Nationalbibliografie; detaillierte bibliografische Daten sind im Internet über http://dnb.d-nb.de abrufbar.

Springer Vieweg

Gedruckt auf säurefreiem und chlorfrei gebleichtem Papier

Springer Vieweg ist Teil von Springer Nature
Die eingetragene Gesellschaft ist Springer Fachmedien Wiesbaden GmbH
Die Anschrift der Gesellschaft ist: Abraham-Lincoln-Str. 46, 65189 Wiesbaden, Germany

Was Sie in diesem *essential* finden können

- Grundlegendes zur Einordnung von Energiespeichern im Energiewirtschaftsrecht
- Regeln für Netzentgelte, EEG-Umlage und Stromsteuer bei Energiespeichern und Befreiungs- sowie Reduzierungstatbestände
- Rechtliche Rahmenbedingungen für Speicher an den Energiemärkten (u. a. Regelenergiemärkte, Direktvermarktung nach dem EEG)
- Fördermöglichkeiten für Energiespeicher
- Rechtliche Besonderheiten der Sektorkopplung (Nutzung von Strom für den Verkehrs- und Wärmesektor)

Vorwort

Im Zuge der Transformation des gesamten Energiesystems hin zu der Nutzung erneuerbarer Energien wird der Bedarf an Energiespeichern diskutiert. Neue Speichertechnologien wie stationäre Batteriespeicher und Power-to-Gas-Einrichtungen werden in Deutschland schon heute erprobt und eingesetzt. Wer sich mit dem Thema Energiespeicher beschäftigt stellt schnell fest, dass neben den technologischen Herausforderungen die rechtlichen Rahmenbedingungen für die Energiemärkte maßgeblichen Einfluss auf die Wirtschaftlichkeit von Speicherprojekten haben. So vereinen Stromspeicher in der Speicherung die Funktionen des Stromverbrauchs und der Stromerzeugung durch die Vorgänge der Ladung und Entladung – gerade bei ihnen fällt die Einordnung in den energierechtlichen Rahmen nicht leicht.

Dieses *essential* trägt in komprimierter Form zusammen, welche besonderen energiewirtschaftsrechtlichen Rahmenbedingungen für den Einsatz von Energiespeichern in Deutschland greifen. Wer sich in der Wirtschaft, Rechtsanwendung, Forschung oder in der rechtspolitischen Diskussion mit Energiespeichern beschäftigt, soll durch dieses *essential* einen Überblick über die Behandlung von Speichern im Energierecht bekommen. Der Fokus des Buches liegt auf Stromspeichern sowie auf Energiespeichertechnologien für die Sektorkopplung (Power-to-Gas, Power-to-Heat, Elektromobilität).

Dieses *essential* ist aus den Arbeiten zum Kap. 16 „Rechtliche Rahmenbedingungen für Speicher in Deutschland“ aus dem Werk „Energiespeicher – Bedarf, Technologien, Integration“ von Michael Sterner und Ingo Stadler hervorgegangen (Springer-Verlag). Durch diese Darstellung wird angesichts des sich in den letzten Jahren rasant entwickelnden Energiewirtschaftsrechts zum einen eine kurzfristige

Aktualisierung dieses *essentials* möglich. Zum anderen können weitere Schwerpunkte beispielsweise auf der Sektorkopplung gesetzt werden. Es wird jedoch nicht der Bedarf und die Technologien der Energiespeicherung dargestellt – hierzu wird auf das umfassende Hauptwerk von Sterner/Stadler verwiesen.

Dr. Henning Thomas

Inhaltsverzeichnis

1 Einleitung

Mit der Energiewende befinden wir uns in der Transformation des Energiesystems hin zur Nutzung regenerativer Energiequellen. Der steigende Anteil erneuerbarer Energien an der Stromerzeugung stellt die tradierte Elektrizitätsinfrastruktur vor – bewältigbare – Herausforderungen zur Markt- und Systemintegration der erneuerbaren Energiequellen. In diesem Zusammenhang werden Energiespeicher eine wichtige Rolle spielen.

In welchem Umfang und zu welchem Zeitpunkt welche Energiespeicher benötigt werden, hängt unter anderem vom weiteren Ausbau der erneuerbaren Energien und von der Art der zugebauten erneuerbaren Energieträger ab. Zudem konkurrieren bzw. ergänzen sich Energiespeicher mit anderen Flexibilitätsoptionen wie dem Netzausbau und dem Lastmanagement. Ein Ausbau der Energienetze ist für die Integration der erneuerbaren Energien in den Stromsektor unumgänglich und gegenüber Energiespeichern in der Regel zunächst die kosteneffizientere Variante. Für bestimmte Anwendungen und bei hohen Anteilen erneuerbarer Energien im System werden Energiespeicher aber in immer umfangreicherem Maße notwendig werden.

Für die Speicherung von Strom – die im Fokus der Kap. 3 und 4 dieses Buches steht – kommen diverse Technologien in Betracht, die im Einzelnen im Buch „Energiespeicher" von Sterner/Stadler dargestellt werden. Die Stromspeichertechnologien beruhen auf der direkten elektrostatischen Speicherung elektrischer Energie oder auf der Umwandlung elektrischer Energie in eine speicherbare Energieform (z. B. potenzielle Energie beim Pumpen von Wasser im Pumpspeicherkraftwerk) und auf einer zeitlich verlagerten Umwandlung der gespeicherten

H. Thomas, *Rechtliche Rahmenbedingungen der Energiespeicher und der Sektorkopplung,* essentials, DOI 10.1007/978-3-658-17641-9_1

Energie in elektrische Energie. Speicher mit dieser Funktionalität werden in diesem *essential* als „Stromspeicher“ bezeichnet.[1]

Im deutschen Stromversorgungssystem wurden bislang vor allem Pumpspeicherkraftwerke und ein Druckluftspeicher für die Speicherung von Strom eingesetzt. Durch die Umstellung des Energiesystems getrieben, finden heute darüber hinaus vermehrt stationäre Batteriespeichersysteme Verwendung. Batteriespeicher werden ebenfalls als Stromspeicher eingesetzt, die Strom durch Umwandlung in einen chemischen Energieträger zwischenspeichern und bei der Entladung erneut Strom ausspeisen.

Mit der als „Power-to-Gas“ bezeichneten Speichertechnologie wird die Umwandlung von Strom in ein (erneuerbares) Gas (Wasserstoff, Methan) in der Elektrolyse (und ggf. der anschließenden Methanisierung) beschrieben. Durch die Umwandlung in ein Gas wird der Strom speicherfähig. Das Gas kann zu einem späteren Zeitpunkt wieder in elektrische Energie umgewandelt werden – in diesem Fall wird Power-to-Gas ebenfalls als Stromspeicher eingesetzt. Möglich ist aber auch ein Einsatz des Gases als Kraftstoff, in der Industrie oder zur Wärmeerzeugung. Power-to-Gas ist daher zunächst eine Energiespeichertechnologie. Als Energiespeicher werden alle energietechnischen Einrichtungen mit den Funktionen Einspeichern, Speichern und Ausspeichern bezeichnet, wobei die Ausspeicherung eben nicht unbedingt in elektrische Energie erfolgen muss.[2]

Bei der Speichertechnologie „Power-to-Heat“ wird Strom zur Erzeugung von Wärme eingesetzt und die Wärme bis zu ihrer Nutzung gespeichert. Auch hier erfolgt durch die Umwandlung in eine (besser bzw. kostengünstiger) speicherbare Energieform eine Energiespeicherung. Die Wärme wird später jedoch in aller Regel nicht zur Erzeugung von Strom verwendet, sodass es sich um eine Energiespeichertechnologie handelt, aber nicht um einen Stromspeicher.

Die Beschreibung der Technologien Power-to-Gas und Power-to-Heat zeigt, dass der Blick über den Stromsektor hinaus geht und die Sektoren Wärme und Verkehr einbezieht. Neue Verbindungen von dem Sektor Strom in die Sektoren Gas, Wärme und Verkehr werden als „Sektorkopplung“ bezeichnet. Bei der Sektorkopplung geht es stets darum, den Energieträger Strom auch für die Sektoren Wärme, Kraftstoff und Industrie einzusetzen. Während der Stromsektor vor allem dank des Erneuerbare-Energien-Gesetzes (EEG) einen starken Anstieg im Anteil erneuerbarer Energien erlebt hat, kann die Sektorkopplung ein Weg sein, die Ziele

[1]Sterner und Stadler 2014, S. 28.

[2]Sterner und Stadler 2014, S. 26.

für den Anteil erneuerbarer Energien in den anderen Sektoren zu erreichen. Sie kann zudem regional (und ggf. zeitlich begrenzt) Netzengpässen entgegenwirken, wobei der Netzausbau zugleich fortgeführt werden muss. Langfristig wird Sektorkopplung in einem weitgehend auf erneuerbaren Energien beruhenden System eine wichtige Rolle der Energiespeicherung und volkswirtschaftlich optimierten Nutzung der erneuerbaren Energien einnehmen. Vor diesem Hintergrund geht dieses *essential* auch auf rechtliche Rahmenbedingungen der Sektorkopplung ein.

Speicher im Energiewirtschaftsrecht – Rechtsgrundlagen, Begriffe, Bedeutung

2

Im deutschen Recht gibt es bislang kein eigenes Gesetz zur Regelung der Energiespeicherung. Stattdessen ergibt sich der heutige Rechtsrahmen für Energiespeicher aus den allgemeinen energiewirtschaftsrechtlichen und öffentlich-rechtlichen Regelungen und spezifischen Einzelregelungen, die für bestimmte Fragen der Speicherung geschaffen worden sind.

Die in der Einleitung dargestellten Begriffe „Energiespeicher" und „Stromspeicher" werden im Energiewirtschaftsrecht nicht bzw. nicht durchgehend so verwendet. Speicher werden stattdessen unter unterschiedlichen Begrifflichkeiten erfasst, und es muss in dem jeweiligen Regelungszusammenhang überlegt werden, ob eine bestimmte Speichertechnologie in ihrer konkreten Funktionsweise hiervon umfasst ist. Dies ist oft von großer Bedeutung, damit eine für den Speicherbetrieb angedachte Rechtsfolge – beispielsweise die Befreiung von der Pflicht zur Zahlung von Netzentgelten für den Strombezug des Speichers – eingreift.

2.1 Rechtsgrundlagen

Für Energiespeicher sind zunächst die Regelungen des Energiewirtschaftsrechts für ihre Einordnung und Vermarktungsmöglichkeiten von großer Bedeutung. Hierzu zählen insbesondere das Energiewirtschaftsgesetz (EnWG), das Erneuerbare-Energien-Gesetz 2017 (EEG 2017) und das Kraft-Wärme-Kopplungsgesetz (KWKG). Die Genehmigung zur Errichtung und zum Betrieb eines Energiespeichers richtet sich hingegen nach den Vorschriften des öffentlichen Rechts. Je nach der verwandten Speichertechnologie, Leistung sowie Eigenschaften des Speichers können Vorschriften des Bundes-Immissionsschutzgesetzes (BImSchG),

H. Thomas, *Rechtliche Rahmenbedingungen der Energiespeicher und der Sektorkopplung,* essentials, DOI 10.1007/978-3-658-17641-9_2

des Baugesetzbuches (BauGB), der Bauordnungen der Länder, des Bundesnaturschutzgesetzes (BNatSchG), des Raumordnungsgesetzes (ROG) und des Wasserhaushaltsgesetzes (WHG) Anwendung finden.

Neben den spezifischen energiewirtschaftlichen Regelungen spielen für die Ausgestaltung von Verträgen, die für Anschaffung, Errichtung und Betrieb der Speicher erforderlich sind, natürlich auch die allgemeinen zivilrechtlichen Regelungen unter anderem aus dem Bürgerlichen Gesetzbuch (BGB) und dem Handelsgesetzbuch (HGB) eine wichtige Rolle. Zudem können auch Themenbereiche wie das Patentgesetz (PatentG) für Energiespeicher relevant sein.

2.2 Grundlegendes zur Einordnung von Speichern

In vielen Speichertechnologien findet eine Umwandlung von elektrischer Energie in einen „speicherbaren“ Energieträger statt. Wenn es sich um einen Stromspeicher handelt, wird die meist in einer anderen Energieform zwischengespeicherte Energie zu einem späteren Zeitpunkt wieder in elektrische Energie umgewandelt. Speicher können damit Funktionen eines Verbrauchs von Strom beim Vorgang der „Einspeicherung“ sowie der Erzeugung von Strom beim Vorgang der „Ausspeicherung“ aufweisen.

Diesen physikalischen Eigenschaften der Speicher folgend liegt es zunächst nahe, sie entsprechend der allgemeinen Begrifflichkeiten des Energiewirtschaftsrechts als „Letztverbraucher“ (§ 3 Nr. 25 EnWG, § 3 Nr. 33 EEG 2017) und – soweit auch eine erneute Erzeugung von Strom nach der Speicherung stattfindet – als „Erzeugungsanlagen“ (§ 3 Nr. 18c EnWG) einzustufen. Ob diese Einstufung zutrifft, ist je nach der verwendeten Speichertechnologie in ihrer konkreten Anwendung sowie nach dem Kontext der jeweiligen Norm zu untersuchen. Folgendes lässt sich grundlegend hierzu feststellen:

- **Speicher als Letztverbraucher.** Der Bundesgerichtshof (BGH) hat in einer Entscheidung zu einem Pumpspeicherwerk angesichts des physikalischen Vorgangs des Verbrauchs von Strom in den Pumpen entschieden, dass die Entnahme von Strom für den Pumpvorgang in dem Pumpspeicherwerk als netzentgeltpflichtiger Letztverbrauch anzusehen ist.[1] Von dieser in weiteren Entscheidungen bekräftigten Rechtsprechung des BGH ist heute für die Praxis auszugehen, auch wenn die Einstufung von Speichern als Letztverbraucher

[1]BGH (2010) Urteil vom 17.11.2009 – EnVR 56/08, NVwZ-RR 2010, S. 431.

in der Rechtswissenschaft durchaus umstritten ist.[2] Jedenfalls dann, wenn bei der Speicherung eine Umwandlung von Strom in eine andere Energieform stattfindet, dürfte dieser Vorgang von der Rechtsprechung derzeit als „Letztverbrauch" eingestuft werden. Durch die Neuregelungen mit dem EEG 2017 wird zumindest für die EEG-Umlage auch vonseiten des Gesetzgebers aus klargestellt, dass es sich bei der Umwandlung von elektrischer Energie in eine andere Energieform in einem Stromspeicher um einen „Verbrauch" von Strom handelt.[3] Erst recht gilt diese Einstufung für Speichertechnologien, in denen Strom nicht zwischengespeichert, sondern einer anderen energetischen Nutzung zugeführt wird. Bei Power-to-Heat wird aus der erzeugten Wärme nicht wieder Strom erzeugt, sodass der Stromverbrauch der Power-to-Heat-Anlage als (netzentgeltpflichtiger) Letztverbrauch anzusehen ist.

- **Speicher als Erzeugungsanlagen.** Wenn Stromspeicher bei der Ausspeicherung aus der gespeicherten Energie wieder elektrische Energie gewinnen, könnte man die Stromspeicher mit einer ähnlichen auf die physikalischen Vorgänge abstellenden Begründung als „Erzeugungsanlagen" behandeln. Mit den letzten Novellierungen von EnWG und EEG verwendet der Gesetzgeber allerdings zunehmend eigenständige Begrifflichkeiten für die Erfassung von Speichern, beispielsweise den Begriff der „Anlagen zur Speicherung elektrischer Energie" an mehreren Stellen im EnWG. Da diese Begrifflichkeit oft in derselben Vorschrift wie der Begriff der „Erzeugungsanlage" zu finden ist, muss zukünftig im Einzelfall untersucht werden, ob ein Speicher (auch) unter den Begriff der „Erzeugungsanlage" fällt.[4]

2.3 Begriffe

Über die zuvor dargestellte Einordnung der Stromspeicher hinaus werden im Energiewirtschaftsrecht mehrere spezifische Begriffe für die Erfassung von Speichern verwendet. Auch bei diesen ist jeweils im Einzelfall zu prüfen, welche Speichertechnologien in ihrer konkreten Funktion darunterfallen.

[2] Lietz EWeRK 2014, S. 96; Krebs RdE 2012, S. 19 (21).

[3] BT-Drs. 18/10668, S. 167.

[4] Für die Einstufung als Erzeugungsanlage Drerup und Bourwieg ER 2016, S. 197 ff.

Im EnWG werden folgende rechtliche Begriffe im Zusammenhang mit Energiespeichern verwendet:

- **Anlage zur Speicherung elektrischer Energie.** Nach der Novellierung mit dem Strommarktgesetz verwendet der Gesetzgeber nun in diversen Bestimmungen des EnWG den Begriff der „Anlagen zur Speicherung elektrischer Energie" (z. B. § 1 Abs. 4 Nr. 3, § 1a Abs. 3, § 13a Abs. 1, § 13b Abs. 1, § 17 Abs. 1, § 18 Abs. 1, § 19 Abs. 1 EnWG). In den Begriffsbestimmungen in § 3 EnWG wird dieser Begriff allerdings nicht definiert. Auch in der Übergangsregelung des § 118 Abs. 6 EnWG verwendet der Gesetzgeber den Begriff der „Anlage zur Speicherung elektrischer Energie" und erfasst in dieser Norm im Wesentlichen Stromspeicher und Power-to-Gas-Einrichtungen, die unter bestimmten Bedingungen von den Netzentgelten für den Strombezug des Speichers für eine bestimmte Zeitdauer freigestellt werden (siehe unten 3.1).
- **Speicheranlage (Gasspeicher).** Im Gegensatz dazu meint der Begriff der „Speicheranlage" in § 3 Nr. 31 EnWG eine einem Gasversorgungsunternehmen gehörende oder von ihm betriebene Anlage zur Speicherung von Gas. Vielleicht verwirrend, hat der Gesetzgeber bislang mit dem Begriff der „Speicheranlage" daher nur Gasspeicher im Blick. Weiter ausgenommen wird nach der Definition der Teil der Anlage zur Speicherung von Gas, der für eine Gewinnungstätigkeit genutzt wird. Ausgenommen sind auch Einrichtungen, die ausschließlich Betreibern von Leitungsnetzen bei der Wahrnehmung ihrer Aufgaben vorbehalten sind. Die Definition der Speicheranlage beschränkt sich damit im Wesentlichen auf den einer Marktteilnahme offenstehenden Teil eines Gasspeichers. Dies hat den Hintergrund, dass für Speicheranlagen in § 28 EnWG Vorgaben zum diskriminierungsfreien Zugang aufgestellt werden.
- **Energieanlage.** Anlagen zur Speicherung von Energie werden ebenso wie Anlagen zur Erzeugung von Energie als „Energieanlagen" in § 3 Nr. 15 EnWG definiert. Auf diese Weise gelten die für andere Energieanlagen geltenden Vorschriften des EnWG auch für Anlagen zur Speicherung von Energie. Dies betrifft beispielsweise die Anforderung zum sicheren und zuverlässigen Betrieb der Energieanlagen nach § 49 EnWG. Energieanlagen – und damit auch Anlagen zur Speicherung von Energie – sind danach so zu errichten und zu betreiben, dass die technische Sicherheit gewährleistet ist. Hierbei sind insbesondere die allgemein anerkannten Regeln der Technik zu beachten. Diese rechtliche Einordnung der Energiespeicher schließt gleichwohl nicht aus, dass über die im Einzelfall von den Speichereinrichtungen einzuhaltenden technischen Vorgaben angesichts der Besonderheiten der Speicherung durchaus Klärungsbedarf bestehen kann (s. 4.1).

Im EEG 2017 werden folgende rechtliche Begriffe im Zusammenhang mit Energiespeichern verwendet:

- **Anlage.** Im EEG 2017 gelten auch Einrichtungen, die zwischengespeicherte Energie, die ausschließlich aus erneuerbaren Energien stammt, aufnehmen und in elektrische Energie umwandeln, als „Anlage“ im Sinne des Gesetzes, § 3 Nr. 1 Satz 2 EEG 2017. Speichereinrichtungen sind unter diesen Voraussetzungen – ähnlich wie eine Windenergieanlage oder eine Fotovoltaik-Anlage – als Anlage im Sinne des EEG einzustufen. In der Folge können die Vorschriften des EEG 2017 zum privilegierenden Netzanschluss und Netzzugang sowie zur Förderung von Strom auch für Speichereinrichtungen anwendbar sein. Zu der Frage, wie „grün“ der Speicher sein muss, um als Anlage im Sinne des EEG zu gelten, siehe unten 4.3.3.
- **Speichergas.** Mit dem Begriff „Speichergas“ in § 3 Nr. 42 EEG 2017 greift der Gesetzgeber Power-to-Gas als Stromspeicher auf. „Speichergas“ wird danach definiert als Gas, das keine erneuerbare Energie ist, aber zum Zweck der Zwischenspeicherung von Strom aus erneuerbaren Energien ausschließlich unter Einsatz von Strom aus erneuerbaren Energien erzeugt wird. Das erzeugte Gas einer Power–to-Gas-Anlage wird von dieser Definition also nur dann erfasst, wenn der Bezugsstrom aus erneuerbaren Energien stammt. Dies hat den Hintergrund, dass bei einer Rückverstromung des Speichergases wiederum Förderansprüche nach dem EEG 2017 eingreifen können. Diese wollte der Gesetzgeber nur gewähren, wenn das Speichergas auch wirklich „grün“ ist, also aus erneuerbaren Energien stammt.
- **Stromspeicher.** Für die Befreiung von der EEG-Umlage bei der Speicherung von Strom ist außerdem die im Gesetz verwendete, aber nicht weiter definierte Begrifflichkeit des „Stromspeichers“ von Relevanz (§ 19 Abs. 3, § 61k EEG 2017). Unter bestimmten Voraussetzungen kann nach § 61k EEG 2017 für den Strombezug eines Stromspeichers eine Befreiung von der EEG-Umlage erfolgen (siehe unten 3.2).

2.4 Speicher und Entflechtung (Unbundling)

Infolge der Liberalisierung der Energiemärkte sind die Tätigkeiten des Netzbetriebs von denen der Erzeugung sowie des Vertriebs von Strom zu unterscheiden. Gemäß den Vorgaben zur Entflechtung (Unbundling) ist die Unabhängigkeit der Netzbetreiber von anderen Tätigkeitsbereichen der Energieversorgung – vor allem dem Energiehandel – zu gewährleisten. Das Energiewirtschaftsgesetz enthält detaillierte

Vorgaben zur rechtlichen, operationellen und buchhalterischen Entflechtung dieser Tätigkeitsbereiche.

Welchem dieser Bereiche sind nun die Speicher zuzuordnen? Für die Gasspeicher wurde bereits ausgeführt, dass die Definition der „Speicheranlage" in § 3 Nr. 31 EnWG differenzierend im Blick hat, dass unter bestimmten Umständen auch der Betreiber des Leitungsnetzes als Betreiber des Gasspeichers in Betracht kommt. Allerdings ist die Zuordnung für den Gasspeicher gleichwohl nach der Lage im Einzelfall zu treffen.

Für die Stromspeicher fehlt es aber sogar an einer den Gasspeichern entsprechenden Vorschrift. Die Pumpspeicherkraftwerke wurden historisch dem Bereich Erzeugung und Vertrieb zugeordnet und finanzierten sich weitgehend über Arbitragegeschäfte am Strommarkt und an den Regelenergiemärkten.

Im Zuge der Diskussion um den Einsatz von Stromspeichern zur Integration von Strom aus erneuerbaren Energien stellt sich aber die Frage neu, ob unter Umständen auch Netzbetreiber als Betreiber eines Stromspeichers in Betracht kommen. Wenn der Stromspeicher ausschließlich Funktionen für Zwecke des Netzbetriebs übernimmt, erscheint dies grundsätzlich möglich.[5] Die Bundesnetzagentur stellt sich den Betrieb von Stromspeichern allerdings zuvorderst durch die Marktakteure vor und sieht allenfalls einen geringen Einsatzbereich für netzdienliche Speicher.[6] Wenn ein Stromspeicher von Netzbetreibern eingesetzt wird, müsste jedenfalls weiter überlegt werden, wie Bezug und Entladung des Speichers organisiert werden.[7]

Die Diskussion um die Einordnung der Speicher ist keinesfalls abgeschlossen. Eine besondere regulierungsrechtliche Aufgabe wird darin liegen, die Rechtsvorschriften so offen auszugestalten bzw. zu handhaben, dass Speicher und andere Flexibilitätsinstrumente dort, wo dies technisch und wirtschaftlich sinnvoll ist, zeitabschnittsweise oder anteilig entweder dem Netz oder dem Markt ihren Einsatz anbieten können. Zu einem technologieoffenen Wettbewerb um die Flexibilitätsoptionen (dazu Abschn. 2.5) gehört, dass dabei die technischen Möglichkeiten aller Flexibilitätsoptionen für Netz oder Markt in dem von der Nachfrage bestimmten Umfang zur Geltung gebracht werden können.

[5]Weyer und Lietz ZNER 2014, S. 241 (243); Schwintowski EWeRK 2015, S. 81.

[6]Siehe ein Interview mit Vizepräsident Peter Franke in Energie & Management vom 01.03.2015 „Netzausbau ist grundsätzlich kostengünstiger". Herr Franke führt aus, dass Netzbetreiber Speicher grundsätzlich als Netzbetriebsmittel führen könnten, in diesen Fällen jedoch nicht als Wiederverkäufer des eingespeicherten Stroms auftreten dürften.

[7]Siehe Drerup und Bourwieg ER 2016, S. 197 (201).

2.5 Speicher in Zielen und Grundsätzen des EnWG

Im Jahr 2015 hat sich das Bundesministerium für Wirtschaft und Energie (BMWi) im Weißbuch „Ein Strommarkt für die Energiewende" für eine Grundsatzentscheidung zur Weiterentwicklung des bestehenden Strommarkts zu einem „Strommarkt 2.0" ausgesprochen.[8] Das BMWi möchte die bestehenden Marktmechanismen stärken und spricht sich für eine wettbewerbliche Preisbildung aus. Das Weißbuch enthält auch für Speicher zentrale Aussagen zu ihrer zukünftigen Bedeutung: Der Netzausbau sei in der Regel die kosteneffizienteste Flexibilitätsoption. Nur in einigen wenigen Fällen könnten Speicher den Netzausbau auf der Niederspannungsebene ersetzen. Der Strommarkt 2.0 solle einen technologieoffenen Wettbewerb der Flexibilitätsoptionen eröffnen, zu denen auch die Stromspeicher gehören. Sehr viele Flexibilitätsoptionen seien bereits wirtschaftlich oder würden es bei veränderten Strompreisen, sodass sie keine gesonderte Förderung benötigten. Speicher würden sich voraussichtlich erst mittel- bis langfristig im Wettbewerb der Flexibilitätsoptionen durchsetzen können. Zu den im Weißbuch genannten Anwendungsfeldern für Speicher gehören Batteriespeicher in der Elektromobilität und die Verknüpfung der Sektoren Strom, Wärme und Verkehr („Power-to-X"), welche das Weißbuch besonders betont. Mit der Novellierung des EnWG durch das Strommarktgesetz in 2016 wurde die Rolle der Speicher auch in den Zielbestimmungen des EnWG betont. Zu den Zielen des EnWG gehört nach § 1 Abs. 4 Nr. 3 EnWG, dass Anlagen zur Speicherung elektrischer Energie neben Erzeugungsanlagen und Lasten insbesondere „möglichst umweltverträglich, netzverträglich, effizient und flexibel in dem Umfang eingesetzt werden, der erforderlich ist, um die Sicherheit und Zuverlässigkeit des Elektrizitätsversorgungssystems zu gewährleisten". Eine neue Bestimmung zu den Grundsätzen des Strommarktes enthält darüber hinaus Aussagen mit erheblicher Relevanz für die zukünftige Rolle der Speicher aus Sicht des Energiewirtschaftsrechts. So wird die besondere Bedeutung des Bilanzkreis- und Ausgleichsenergiesystems in § 1a Abs. 2 EnWG betont. In diesem Kontext können Speicher neben Erzeugungsanlagen und Lasten einen Beitrag zur Bilanzkreisbewirtschaftung leisten.

[8] Bundesministerium für Wirtschaft und Energie, Ein Strommarkt für die Energiewende, Ergebnispapier des Bundesministeriums für Wirtschaft und Energie (Weißbuch), Juli 2015.

Zudem gehört zu den Grundsätzen des Strommarktes nach § 1a Abs. 3 EnWG, dass auf eine Flexibilisierung von Angebot und Nachfrage hingewirkt werden soll. Weiter heißt es:

> Ein Wettbewerb zwischen effizienten und flexiblen Erzeugungsanlagen, Anlagen zur Speicherung elektrischer Energie und Lasten, eine effiziente Kopplung des Wärme- und des Verkehrssektors mit dem Elektrizitätssektor sowie die Integration der Ladeinfrastruktur für Elektromobile in das Elektrizitätsversorgungssystem sollen die Kosten der Energieversorgung verringern, die Transformation zu einem umweltverträglichen, zuverlässigen und bezahlbaren Energieversorgungssystem ermöglichen und die Versorgungssicherheit gewährleisten.

Hier zeigt sich zum einen erneut, dass Speicher einen wichtigen Beitrag für die Flexibilisierung des Elektrizitätsversorgungssystems leisten können. Es zeigt sich zum anderen auch, dass Speicher hierbei nach der Vorstellung des Gesetzgebers in einem Wettbewerb zu Erzeugungsanlagen und Lasten sowie zu Möglichkeiten der Sektorkopplung stehen (sollen).

3 Stromnebenkosten bei der Speicherung

Der Strompreis setzt sich aus dem reinen Energiepreis und diversen „Stromnebenkosten" zusammen, deren Höhe durch gesetzgeberische Vorgaben bestimmt wird. Mit den „Stromnebenkosten" werden hier vor allem die Netznutzungsentgelte, die EEG-Umlage und die Stromsteuer betrachtet. Aber auch an weitere Stromkostenbestandteile wie die Offshore-Umlage, die KWK-Umlage und die Konzessionsabgaben ist zu denken (Abb. 3.1).

Für die Wirtschaftlichkeit von Speicherprojekten sind die „Stromnebenkosten" des Strombezugs von erheblicher Bedeutung. Denn selbst wenn Strom ohne ein Entgelt als reinem Energiepreis – also für 0 EUR – verkauft würde, sind die Stromnebenkosten grundsätzlich zu zahlen.

Wie in Abschn. 2.2 dargestellt, werden Stromspeicher in der Rechtsprechung des BGH als „Letztverbraucher" eingestuft. Ausgehend hiervon können bereits beim Vorgang der Einspeicherung – beim Strombezug – im Grundsatz sämtliche Stromnebenkosten anfallen. Beim Stromspeicher können die Stromnebenkosten sodann nochmals bei der zeitlich verlagerten zweiten Lieferung von Strom aus dem Speicher an einen Letztverbraucher anfallen. Betrachtet man den Gesamtvorgang, können die Entgelte, Umlagen und Abgaben damit bei einem Stromspeicher „doppelt" anfallen.

Der Gesetzgeber hat allerdings gesehen, dass die Pflicht zur Zahlung von Stromnebenkosten beim Strombezug eines Stromspeichers den Zubau oder sogar schon den Erhalt von bereits bestehenden Speichereinrichtungen erheblich beeinträchtigen würde. Vor diesem Hintergrund hat er mehrere Ausnahmetatbestände geschaffen, die im Folgenden überblicksartig dargestellt werden.

Die Frage des Anfallens sämtlicher nachfolgend dargestellter Entgelte, Abgaben und Umlagen sowie des Eingreifens von Ausnahmetatbeständen ist stets im jeweiligen Einzelfall zu prüfen. Vorgestellt werden können nachfolgend nur die

H. Thomas, *Rechtliche Rahmenbedingungen der Energiespeicher und der Sektorkopplung,* essentials, DOI 10.1007/978-3-658-17641-9_3

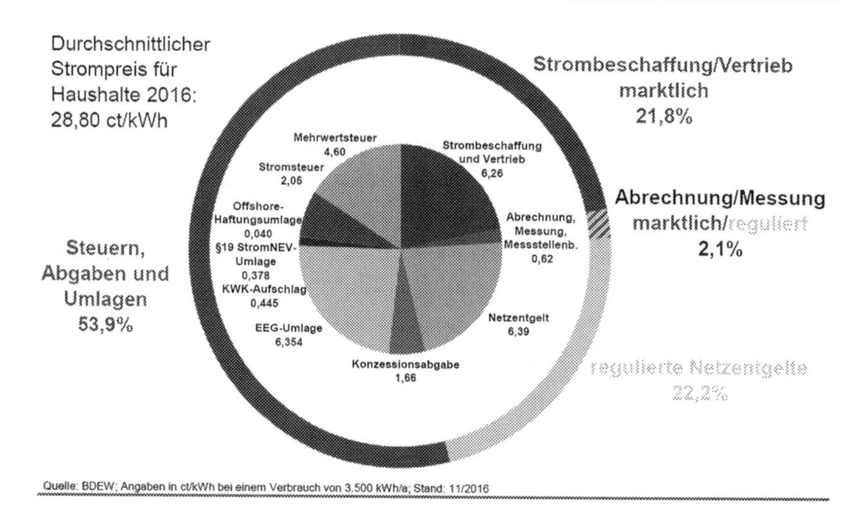

Abb. 3.1 Zusammensetzung durchschnittlicher Strompreis Haushalte in 2016. (Quelle: BDEW, Strompreisanalyse November 2016)

für Stromspeicher besonders relevanten Regelungen und deren wichtigste Voraussetzungen. Eine Prüfung des jeweiligen Einzelfalls kann dies nicht ersetzen.

3.1 Netznutzungsentgelte

Wird der Strom für eine Speichereinrichtung über das Energieversorgungsnetz bezogen, so handelt es sich – der Rechtsprechung des BGH folgend – zunächst um einen netzentgeltpflichtigen Letztverbrauch. In der Übergangsregelung des § 118 Abs. 6 EnWG ist aber eine zeitlich befristete Befreiung von den Netzentgelten für neue Speicheranlagen und modernisierte Pumpspeicherkraftwerke vorgesehen.

3.1.1 Freistellung für neue Anlagen zur Speicherung elektrischer Energie

Nach dem 31.12.2008 neu errichtete Anlagen zur Speicherung elektrischer Energie, die ab dem 04.08.2011 innerhalb von 15 Jahren in Betrieb genommen werden, sind nach § 118 Abs. 6 EnWG für einen Zeitraum von 20 Jahren ab Inbetriebnahme hinsichtlich des Bezugs der zu speichernden elektrischen Energie von den Entgelten für den Netzzugang freigestellt.

Wichtig ist, dass die Freistellung von den Netzentgelten grundsätzlich nur dann erfolgt, wenn die elektrische Energie zur Speicherung in einem elektrischen, chemischen, mechanischen oder physikalischen Stromspeicher aus einem Transport- oder Verteilernetz entnommen und die zur Ausspeisung zurückgewonnene elektrische Energie zeitlich verzögert wieder in dasselbe Netz eingespeist wird. Es bedarf damit einer Rückverstromung und Wiedereinspeisung in dasselbe Netz. Sektorkopplungstechnologien sind von dieser Regelung daher nicht erfasst.[1] Damit kann die Netzentgeltbefreiung insbesondere für Power-to-Heat regelmäßig keine Anwendung finden.[2] Die Netzentgeltbefreiung zielt vielmehr auf Anlagen ab, in denen Strom „zwischengespeichert“ wird.

3.1.2 Erweiterung für Power-to-Gas

Die soeben genannte einschränkende Anforderung der Wiedereinspeisung in dasselbe Netz gilt allerdings nach § 118 Abs. 6 Satz 7 EnWG nicht für Anlagen, in denen durch Wasserelektrolyse Wasserstoff erzeugt oder aus dem so erzeugten Wasserstoff und anschließender Methanisierung Gas oder Biogas hergestellt wird. Für Power-to-Gas-Anlagen bedeutet dies zunächst, dass für sie ebenfalls eine Möglichkeit zur zeitlich befristeten Freistellung von den Netznutzungsentgelten für den Strombezug der Power-to-Gas-Einrichtung gilt.

Es spricht einiges dafür, dass die Freistellung bei Power-to-Gas auch dann eingreift, wenn der Wasserstoff oder das Methan nicht rückverstromt werden, sondern zu anderen Zwecken beispielsweise in der Mobilität verwendet werden.[3] Dies ist allerdings umstritten.[4]

[1] Buchmüller und Hennig, ZNER 2016, S. 384 (390).

[2] Stappert et al., RdE 2015, S. 62.

[3] Sailer, ZNER 2012, S. 153 (156); Thomas, ZNER 2011, S. 608 (613 f.).

[4] Zweifelnd Lehnert und Vollprecht, ZNER 2012, S. 356 (360).

3.1.3 Netzentgeltbefreiung für modernisierte Pumpspeicherwerke

Eine zeitlich auf zehn Jahre ab Inbetriebnahme beschränkte Freistellung von den Netznutzungsentgelten hinsichtlich des Bezugs der zu speichernden elektrischen Energie kann auch bei der Modernisierung von Pumpspeicherkraftwerken greifen. Dazu muss ihre elektrische Pump- oder Turbinenleistung nachweislich um mindestens 7,5 % oder ihre speicherbare Energiemenge nachweislich um mindestens fünf Prozent nach dem 04.08.2011 erhöht worden sein (§ 118 Abs. 6 Satz 2 EnWG). Aufgrund vorliegender oder prognostizierter Verbrauchsdaten oder aufgrund technischer oder vertraglicher Gegebenheiten ist dabei nachzuweisen, dass der Höchstlastbeitrag der Anlage vorhersehbar erheblich von der zeitgleichen Jahreshöchstlast aller Entnahmen aus dieser Netz- oder Umspannebene abweicht. Für die Freistellung von den Netzentgelten ist eine Genehmigung erforderlich.

3.1.4 Andere Befreiungstatbestände

Sollte die besondere Freistellung von den Netzentgelten für Anlagen zur Speicherung elektrischer Energie aus § 118 Abs. 6 EnWG im Einzelfall nicht eingreifen, kommt in Betracht, dass aus anderen Gründen kein oder nur ein verringertes Netznutzungsentgelt zu zahlen ist. So ist stets die Frage zu klären, ob ein Energiespeicher Strom überhaupt über ein Energieversorgungsnetz bezieht und ob damit Netznutzungsentgelte anfallen. Zur Beantwortung dieser Frage ist ggf. näher aufzuklären, wo das Energieversorgungsnetz im Einzelfall beginnt.

In § 19 Abs. 4 Stromnetzentgeltverordnung (StromNEV) gibt es eine weitere Möglichkeit der Netzentgeltreduzierung für Speicher, die nicht schon unter die Befreiung nach § 118 Abs. 6 EnWG fallen. Betreiber von Elektrizitätsversorgungsnetzen haben hiernach Letztverbrauchern, die Strom dem Netz ausschließlich zur Speicherung in einem Stromspeicher entnehmen und den zurückgewonnenen Strom wieder in das Netz einspeisen, ein individuelles Netzentgelt anzubieten. Abweichend von § 17 Abs. 2 StromNEV besteht dieses Netzentgelt nur aus einem Jahresleistungspreis in Euro pro Kilowatt. Dabei hat der Netzbetreiber die Gleichzeitigkeitsfunktion des oberen Benutzungsdauerbereichs nach Anlage 4 zur StromNEV anzuwenden und den Jahresleistungspreis auf den Anteil der entnommenen Strommenge zu reduzieren, der nicht wieder in das Netz eingespeist wird. Soweit keine Befreiung nach § 118 Abs. 6 EnWG eingreift, führt die Neuregelung in § 19 Abs. 4 StromNEV also dazu, dass ein reines

Leistungspreisentgelt erhoben und auf ein Arbeitsentgelt verzichtet wird.[5] Dabei berücksichtigt das Leistungsentgelt den Wirkungsgrad des Speichers (Speicherverluste) durch einen Abschlag in Höhe des Wirkungsgrades auf das Leistungsentgelt.

In bestimmten Konstellationen kommen zudem auch individuelle Netzentgelte für eine atypische Netznutzung nach § 19 Abs. 2 StromNEV in Betracht.

3.2 EEG-Umlage

Nach § 60 Abs. 1 EEG 2017 fällt die EEG-Umlage stets an, wenn Elektrizitätsversorgungsunternehmen Strom an Letztverbraucher liefern. Im EEG 2017 wird nun ausdrücklich vom „Verbrauch" von Strom in einem Speicher gesprochen (§ 61k Abs. 1 EEG 2017).[6] Der Betreiber einer Speichereinrichtung ist daher zunächst als ein Letztverbraucher anzusehen. Für die Lieferung von Strom an einen Energiespeicher ist also im Grundsatz die EEG-Umlage abzuführen.

Dabei ist hervorzuheben, dass das Anfallen der EEG-Umlage anders als das Anfallen der Netzentgelte nicht daran gekoppelt ist, dass für die Stromlieferung ein Energieversorgungsnetz oder das Netz für die allgemeine Versorgung genutzt wird. Stattdessen ist in der Rechtsprechung des BGH geklärt, dass die EEG-Umlage auch für Stromlieferungen außerhalb des Netzes für die allgemeine Versorgung zu zahlen ist.[7] Auch in dezentralen Anlagenkonstellationen „vor dem Netz" kann die EEG-Umlage daher anfallen – und bei einem Stromspeicher im Prinzip sogar doppelt, da auch die Zwischenspeicherung von Strom als Verbrauch anzusehen ist.

Das Anfallen der EEG-Umlage bei Stromspeichern war aber Gegenstand intensiver Diskussionen. Wenn die EEG-Umlage bei einem Stromspeicher sowohl bei der Einspeicherung als auch bei der Ausspeicherung – und damit „doppelt" – anfällt, ist dies für ein Speicherprojekt in der Regel wirtschaftlich nicht darzustellen. Daher hat der Gesetzgeber frühzeitig Ausnahmen von der EEG-Umlage beim Strombezug von Stromspeichern vorgesehen. Diese Regelungen wurden inzwischen mehrfach novelliert und führen bei Stromspeichern faktisch dazu, dass das Regel-Ausnahme-Verhältnis umgekehrt wird und für die Lieferung von Strom an

[5] Drerup und Bourwieg, ER 2016, S. 197 (199).

[6] Siehe auch die Gesetzesbegründung in BT-Drs. 18/10668, S. 167.

[7] BGH, Urt. v. 09.12.2009 – VIII ZR 35/09, NVwZ-RR 2010, S. 315; Urt. v. 06.05.2015 – VIII ZR 56/14.

den Stromspeicher daher oft noch keine EEG-Umlage abzuführen ist. *Aber:* Dies gilt nur unter den nachfolgend im Überblick dargestellten Voraussetzungen und in dem dort dargestellten Umfang! Vor jedem Speicherprojekt ist in diesem Punkte eine einzelfallbezogene Prüfung der aktuellen Gesetzesbestimmungen dringend anzuraten.

In aller Kürze

Bereits für die Lieferung von Strom an einen Speicher fällt die EEG-Umlage grundsätzlich an. Bei einem Stromspeicher fällt EEG-Umlage im Grundsatz auch nach der Ausspeicherung bei der Lieferung des gespeicherten Stroms an einen Letztverbraucher an – sie kann damit „doppelt" anfallen.

Aber: Durch Befreiungstatbestände wird dieser Grundsatz für Stromspeicher inzwischen weitgehend ins Gegenteil verkehrt und eine doppelte Belastung mit der EEG-Umlage oft vermieden. Für die Lieferung von Strom an einen Stromspeicher kann die EEG-Umlage entfallen – aber nur unter bestimmten Voraussetzungen, die im Einzelfall geprüft und eingehalten werden müssen! Hierbei gelten Nachweispflichten, mit denen sich der Betreiber vertraut machen muss.

3.2.1 Befreiung für den Verbrauch in Stromspeichern im EEG 2017

Um einer für Stromspeicher nicht darstellbaren Doppelbelastung mit der EEG-Umlage entgegenzuwirken, hat der Gesetzgeber bereits mit dem EEG 2014 eine Befreiung von der EEG-Umlage für den Strombezug von Stromspeichern geschaffen (§ 60 Abs. 3 EEG 2014). Unter anderem setzte die damalige Befreiungsvorschrift voraus, dass dem Stromspeicher Energie ausschließlich zur Wiedereinspeisung von Strom in das Netz für die allgemeine Versorgung entnommen wird. Dies stellte insbesondere dezentrale Speicherkonzepte vor erhebliche Herausforderungen, wenn keine oder zumindest keine ausschließliche Wiedereinspeisung in das Netz beabsichtigt war.

Mit dem EEG 2017 in seiner ursprünglichen Fassung sollte die bisherige Befreiung von der EEG-Umlage für den Strombezug von Stromspeichern um eine zweite Variante erweitert werden. Wenn für den gesamten Strom, der dem Speicher entnommen wird, eine EEG-Umlage gezahlt wird, dann sollte hiernach für den Strombezug des Speichers eine Befreiung von der EEG-Umlage möglich sein. Dies stellte bereits eine deutliche Verbesserung der Rechtslage aus der Sicht von Speicherbetreibern dar. Problematisch wären aber Fälle einer Mischnutzung von Stromspeichern gewesen, in denen Strom aus dem Stromspeicher teilweise in das Netz eingespeist und teilweise direkt in einer Kundenanlage genutzt wird.

Noch vor Inkrafttreten des EEG 2017 hat der Gesetzgeber deshalb die Befreiungsvorschrift für Stromspeicher noch einmal überarbeitet. Erklärtes Regelungsziel des Gesetzgebers bei der Neuformulierung war, „eine Doppelbelastung mit der EEG-Umlage von Stromspeichern gänzlich zu vermeiden".[8] Der Gesetzgeber führt in diesem Zug neu den Begriff der „Saldierungsperiode" ein (§ 61k Abs. 1a EEG 2017). Grundsätzlich ist hiermit das Kalenderjahr gemeint. Die Saldierungsperiode kann aber auch ein Kalendermonat sein, wenn der mit dem Stromspeicher in einem Kalenderjahr erzeugte Strom nicht ausschließlich in ein Netz für die allgemeine Versorgung eingespeist oder ausschließlich vom Betreiber selbst verbraucht wird.

Mit Blick auf die so definierte Saldierungsperiode lautet die zentrale Neuregelung zur EEG-Umlagebefreiung für Stromspeicher wie folgt (§ 61k Abs. 1 S. 1 EEG 2017): „Für Strom, der in einer Saldierungsperiode zum Zweck der Zwischenspeicherung in einem elektrischen, chemischen, mechanischen oder physikalischen Stromspeicher verbraucht wird, verringert sich der Anspruch auf Zahlung der EEG-Umlage in dieser Saldierungsperiode in der Höhe und in dem Umfang, in der die EEG-Umlage für Strom, der mit dem Stromspeicher erzeugt wird, gezahlt wird, höchstens aber auf null."

Das bedeutet: In der jeweiligen Saldierungsperiode ist zu prüfen, in welcher Höhe und in welchem Umfang EEG-Umlage für den in dem Stromspeicher erzeugten Strom zu zahlen ist. Hierfür muss ermittelt werden, wohin dieser Strom geliefert wird und welche EEG-Umlage daher für den aus dem Stromspeicher gelieferten Strom zu zahlen ist. Dabei hilft eine Vermutungsregelung im zweiten Satz der Vorschrift: Soweit Strom aus dem Stromspeicher in das Netz für die allgemeine Versorgung eingespeist und in einen Bilanzkreis eingestellt wurde, wird vermutet, dass für den mit dem Stromspeicher erzeugten Strom die EEG-Umlage gezahlt worden ist. Diese Regelung ist sinnvoll, da ein Nachweis einer tatsächlich gezahlten EEG-Umlage z. B. beim Verkauf an der Börse nicht leicht zu führen wäre. In anderen Fällen – insbesondere also bei Lieferung von Strom aus dem Stromspeicher an einen Abnehmer innerhalb einer Kundenanlage – ist nachzuweisen, in welcher Höhe und in welchem Umfang für die Stromerzeugung mit dem Stromspeicher EEG-Umlage gezahlt wird.

[8] BT-Drs. 18/10668, S. 167.

Sobald auf diese Weise die „hinter dem Stromspeicher" gezahlte EEG-Umlage ermittelt worden ist, gilt Folgendes: Die EEG-Umlage, die „eigentlich" für die Lieferung von Strom „an den Stromspeicher" als Verbraucher innerhalb einer Saldierungsperiode zu zahlen wäre, verringert sich in dem Umfang der „hinter dem Stromspeicher" tatsächlich gezahlten EEG-Umlage.

> Maßgeblich für die Befreiung von der EEG-Umlage bei der Lieferung von Strom an einen Stromspeicher ist, für welche Strommenge und in welcher Höhe bei Entnahme aus dem Speicher EEG-Umlage gezahlt wird.[9] Eine „Doppelbelastung" von Stromspeichern mit der EEG-Umlage wird dadurch weitgehend vermieden.

Ein Guthaben kann der Betreiber des Speichers mit der Regelung nicht erwirtschaften – im aus seiner Sicht besten Fall senkt sich die EEG-Umlage für die Lieferung an den Stromspeicher auf null.

Das Abstellen auf die Saldierungsperiode soll auch eine Mischnutzung eines Stromspeichers zur Einspeisung in das Netz für die allgemeine Versorgung sowie zur Eigenversorgung ermöglichen, ohne dass dabei Mitnahmeeffekte hinsichtlich der EEG-Umlage möglich wären. Der Gesetzgeber sieht eine solche Gefahr insbesondere bei Saldierungen über Sommer und Winter hinweg, die durch das Abstellen auf den Kalendermonat als kürzere Saldierungsperiode vermieden würden.[10] Wichtig ist auch, dass in dem Fall, dass der Kalendermonat als Saldierungsperiode gilt, die Verringerung der EEG-Umlage auf höchstens 500 im Stromspeicher verbrauchte Kilowattstunden je Kilowattstunde installierter Speicherkapazität pro Kalenderjahr begrenzt ist.

Und was gilt in Bezug auf die Speicherverluste? Für aufgrund der Wirkungsgrade des Speichers „verlorene" Strommengen wird bei der Ausspeicherung keine EEG-Umlage fällig, die auf die bei der Einspeicherung zu zahlende EEG-Umlage angerechnet werden könnte. Dies sieht auch der Gesetzgeber und regelt in § 61k Abs. 1 S. 3 EEG 2017, dass soweit die in dem Stromspeicher gespeicherte Energie nicht wieder entnommen wird (Speicherverlust), für den in einem Stromspeicher zum Zweck der Zwischenspeicherung verbrauchten Strom die EEG-Umlage entfällt.

[9] BT-Drs. 18/10668, S. 167.

[10] BT-Drs. 18/10668, S. 168.

Praxistipp Der jeweilige Betreiber eines Stromspeichers muss sich mit der Regelung zur EEG-Umlage vertraut machen und insbesondere seinen Nachweispflichten hinsichtlich Messung und Mitteilungen genügen, um die Befreiung nutzen zu können.

Kein Preis ohne Fleiß. Für die Befreiung der Lieferung von Strom an den Stromspeicher muss der Betreiber des Speichers aktiv werden und insbesondere seine in § 61k Abs. 1b EEG 2017 aufgelisteten Nachweispflichten erfüllen. So muss er sicherstellen, dass die Voraussetzungen für die Befreiungen von der EEG-Umlage „jederzeit durch geeichte Messeinrichtungen und eine nachvollziehbare, die Saldierungsperioden [...] berücksichtigende Abrechnung eingehalten werden". Sämtliche Strommengen müssen durch geeichte Messeinrichtungen und erforderlichenfalls intelligente Messsysteme erfasst werden. Sofern für Strommengen unterschiedlich hohe Ansprüche auf Zahlung der EEG-Umlage bestehen – was insbesondere aufgrund des Eigenversorgungsprivilegs der Fall sein kann, dazu noch unten Abschn. 3.2.3 – sind diese gesondert zu erfassen. Auch etwaige sonstige Energieentnahmen müssen durch geeichte Messeinrichtungen gesondert erfasst und mitgeteilt werden. Bei der Abrechnung innerhalb der einzelnen Saldierungsperioden hat der Betreiber die im Stromspeicher befindliche Energiemenge zu erfassen und nachzuweisen. Darüber hinaus greifen für ihn allgemeine weitere Mitteilungspflichten aus dem EEG.

Fazit

Die Neuregelung ist nicht unkompliziert, sie leistet im Ergebnis aber eine weitergehende Befreiung von der EEG-Umlage für den Strombezug von Stromspeichern als bislang. Die Vermeidung einer Doppelbelastung von Stromspeichern mit der EEG-Umlage ist sachgerecht, da der Strom im Stromspeicher nur zwischengespeichert wird und daher nur einmal an den Umlagekosten für die Ziele des EEG beteiligt werden sollte – dies wird durch die Neuregelung gewährleistet.

3.2.2 Befreiung für Power-to-Gas mit EE-Strom im EEG 2017

In § 61k Abs. 2 EEG 2017 wird für Power-to-Gas eine gesonderte Ausnahmemöglichkeit vorgesehen. Die EEG-Umlage entfällt danach auch für die Lieferung von Strom, der zur Erzeugung von Speichergas eingesetzt wird, das in das Erdgasnetz eingespeist wird.

Voraussetzung ist also zunächst, dass Speichergas im Sinne des § 3 Nr. 42 EEG 2017 vorliegt – dieses darf insbesondere ausschließlich unter Einsatz von erneuerbaren Strom im Sinne des EEG 2017 erzeugt worden sein (siehe bereits oben Abschn. 2.3). Außerdem ist das Speichergas unter Berücksichtigung der Anforderungen nach § 44b Abs. 5 Nr. 1 und 2 EEG 2017 zur Stromerzeugung einzusetzen. Hier findet sich also das Erfordernis einer Rückverstromung. Zudem hat die Einspeisung in das Erdgasnetz – kurz gesagt – den Anforderungen an eine ausgeglichene Bilanz im Kalenderjahr und an die Verwendung von Massenbilanzsystemen zu genügen. Schließlich muss auf den aus dem Speichergas gewonnenen Strom die EEG-Umlage gezahlt werden.

3.2.3 Eigenversorgungsprivileg

Für Stromspeicher spielt auch das sogenannte Eigenversorgungsprivileg des EEG eine große Rolle, wenn Stromspeicher zur Eigenversorgung eingesetzt werden. Mit der Befreiung der an einen Stromspeicher gelieferten Strommenge von der EEG-Umlage nach § 61k Abs. 1 EEG 2017 wird maximal eine Befreiung in dem Umfang erreicht, in dem EEG-Umlage für aus dem Speicher „ausgespeicherten" Strom entrichtet wird. Das Eigenversorgungsprivileg ermöglicht hingegen eine Reduzierung oder in bestimmten Konstellationen sogar Befreiung von der EEG-Umlage in Fällen einer Eigenversorgung.

Für Stromspeicher kann dies sowohl im Liefervorgang an den Stromspeicher als auch im Liefervorgang von dem Stromspeicher an einen Letztverbraucher eine Rolle spielen. Nach der Neuregelung mit dem EEG 2017 dürfte klar sein, dass der Verbrauch von Strom in einem Stromspeicher ebenfalls als Letztverbrauch anzusehen ist und daher die vorgenannten zwei Lieferverhältnisse mit Blick auf das Eigenversorgungsprivileg zu betrachten sind.

Muss ich auf die Eigenversorgung mit Strom EEG-Umlage zahlen? Vor Inkrafttreten des EEG 2014 war die Eigenversorgung mit Strom noch vollständig von der Pflicht zur Zahlung der EEG-Umlage ausgenommen. Während diese Rechtslage für bestimmte Bestandsanlagen weiterhin Relevanz hat, ist nunmehr im Grundsatz auch die Eigenversorgung mit Strom EEG-Umlagepflichtig. Für die Eigenversorgung mit Strom aus erneuerbaren Energien oder aus einer hocheffizienten KWK-Anlage mit einem bestimmten Mindestnutzungsgrad sind allerdings nur verringerte Anteile der EEG-Umlage zu zahlen – ab dem 01.01.2017 gilt hier ein Satz von 40 % der EEG-Umlage. Für eng definierte Fallgruppen und Bestandsanlagen kann unter den im EEG genannten Voraussetzungen darüber hinaus sogar weiterhin eine Befreiung von der EEG-Umlage bei der Eigenversorgung eingreifen.

Gedanklich nähert man sich der Frage, ob das Eigenversorgungsprivileg (und damit ggf. eine Reduzierung oder Befreiung) eingreift, am besten in zwei Schritten: Erstens fragt sich, ob überhaupt eine Eigenversorgungskonstellation vorliegt. Die zweite Frage ist, ob diese zu einer Reduzierung oder sogar Befreiung von der EEG-Umlage führt. Bei Stromspeichern sind diese Fragen – wenn das Eigenversorgungsprivileg genutzt werden soll – sowohl für den Liefervorgang von einer Erzeugungsanlage an den Stromspeicher als auch für den Liefervorgang von dem Stromspeicher an den Letztverbraucher zu stellen. Bei den übrigen Energiespeichern kann das Eigenversorgungsprivileg ebenfalls greifen, relevant ist hier dann die Lieferung von Strom von einer Erzeugungsanlage an den Energiespeicher.

Liegt eine Eigenversorgung vor? Für viele Speicherkonzepte stellt sich im jeweiligen Einzelfall die Frage, ob und inwieweit die Anforderungen an eine Eigenversorgung erfüllt sind und damit nur eine reduzierte oder im Einzelfall sogar keine EEG-Umlage zu entrichten ist. Hierfür ist von großer Relevanz, dass eine Reduzierung oder gegebenenfalls sogar Befreiung von der EEG-Umlage durch das Eigenversorgungsprivileg nur eingreift, wenn eine Reihe von Voraussetzungen erfüllt werden. Hierzu gehört insbesondere, dass dieselbe natürliche oder juristische Person sowohl Betreiber der Stromerzeugungsanlage als auch Betreiber der Verbrauchseinrichtung zu sein hat. Dieses Kriterium wird von der Rechtsprechung streng formal verstanden: Selbst bei einer Stromlieferung von einer Muttergesellschaft an ein Tochterunternehmen liegt keine Personenidentität mehr vor, weil es sich um zwei selbstständige juristische Personen handelt – eine Berufung auf das Eigenversorgungsprivileg scheidet dann aus.[11] Weitere im Einzelfall zu prüfende Voraussetzungen bestehen im Hinblick auf die Zeitgleichheit von Erzeugung und Verbrauch des Stroms und die räumliche Nähe zwischen Erzeugungsanlage und Verbraucher.

Sind die Voraussetzungen einer Reduzierung oder Befreiung gegeben? Unter bestimmten engen Voraussetzungen entfällt bei einer Eigenversorgung nach dem EEG 2017 ein Anspruch auf Zahlung der EEG-Umlage vollständig. Diese Ausnahmefälle erfassen zunächst Eigenversorgungen eines Kraftwerkseigenverbrauchs, bei denen der Strom in den Neben- und Hilfsanlagen einer Stromerzeugungsanlage zur Erzeugung von Strom im technischen Sinne verbraucht wird (§ 61a Nr. 1 EEG 2017).

[11] BGH, Urt. v. 09.12.2009 – VIII ZR 35/09, NVwZ-RR 2010, S. 315.

Begünstigt sind außerdem Eigenversorgungen, bei denen der Eigenversorger weder unmittelbar noch mittelbar an ein Netz angeschlossen ist (§ 61a Nr. 2 EEG 2017), was bei bestimmten Inselkonzepten unter Einbeziehung eines Speichers von Relevanz sein kann. Eine von der EEG-Umlage befreite Eigenversorgung kann auch vorliegen, wenn sich der Eigenversorger selbst vollständig mit erneuerbarem Strom versorgt und für den Strom aus seiner Anlage, den er nicht selbst verbraucht, keine Zahlung nach Teil 3 des EEG 2017 beansprucht (§ 61a Nr. 3 EEG 2017).

Am meisten Relevanz für Speicherprojekte dürfte indes die Befreiung von der EEG-Umlage bei einer Eigenversorgung haben, wenn Strom aus Stromerzeugungsanlagen mit einer installierten Leistung von höchstens 10 kW erzeugt wird, für höchstens 10 MWh selbst verbrauchten Stroms pro Kalenderjahr (§ 61a Nr. 4 EEG 2017). Diese letzte Befreiung gilt ab der Inbetriebnahme der Stromerzeugungsanlage für die Dauer von 20 Kalenderjahren zuzüglich des Inbetriebnahmejahres. Zu berücksichtigen ist auch, dass die Verklammerungsvorschrift zur Zusammenfassung mehrerer EEG-Anlagen im Hinblick auf die Leistung von 10 kW entsprechend anzuwenden ist. Für die Praxis spricht viel dafür, dass entsprechend einer Empfehlung der Clearingstelle EEG 2014/13 bei kleinen Speichern zur ausschließlichen Zwischenspeicherung von selbst erzeugtem Solarstrom die EEG-Umlagebefreiung des § 61a Nr. 4 EEG 2017 in vielen Fällen eingreifen kann.[12]

Fazit

Neben der Befreiungsvorschrift des § 61k Abs. 1 EEG 2017 spielt das Eigenversorgungsprivileg für dezentrale Speicherprojekte eine zentrale Rolle für die Frage, ob eine Reduzierung oder Befreiung von der EEG-Umlage greift. Wichtig ist, dass

1. bei Stromspeichern sowohl der Liefervorgang von der Erzeugungsanlage an den Stromspeicher als auch von dem Stromspeicher an den Letztverbraucher zu betrachten ist, und zwar auch wenn diese Vorgänge außerhalb des Netzes für die allgemeine Versorgung stattfinden,
2. in beiden Liefervorgängen die Anforderungen an eine Eigenversorgung vorliegen müssen (insbesondere Betreiberidentität, räumliche Nähe, Zeitgleichheit) und

[12]Clearingstelle EEG, Empfehlung vom 02.06.2015 – 2014/13, Leitsätze 9 und 10, Rn. 140 ff.

3. zusätzlich nur unter den engen Voraussetzungen des § 61a EEG 2017 oder bei Bestandsanlagen unter detaillierten Voraussetzungen eine *Befreiung* von der EEG-Umlage in Betracht kommt und ansonsten bei Einsatz einer EEG-Anlage oder hocheffizienten KWK-Anlage als Stromerzeugungsanlage eine *Reduzierung* der EEG-Umlage möglich ist.

3.3 Andere Umlagen und Abgaben, insbesondere KWK-Umlage

Umstritten ist, ob mit der in Abschn. 3.1 dargestellten Ausnahmevorschrift in § 118 Abs. 6 EnWG neben den Netznutzungsentgelten im engeren Sinne auch weitere Kostenbestandteile entfallen, die zusammen mit den Netznutzungsentgelten erhoben werden. Dies betrifft die KWK-Umlage, die Offshore-Umlage, die § 19 StromNEV-Umlage, die AbLaV-Umlage und die Konzessionsabgaben.[13]

Für die KWK-Umlage sieht § 27b KWKG nun vor, dass die Befreiungsvorschrift in § 61k EEG 2017 entsprechend anzuwenden ist. Für die Befreiung von der KWK-Umlage kann also auf die Ausführungen zur EEG-Umlage unter Abschn. 3.2.1 verwiesen werden. Eine Doppelbelastung von Stromspeichern mit der KWK-Umlage soll durch die Regelung ebenfalls vermieden werden.[14] Aufgrund der spezielleren Vorschrift für die KWK-Umlage ist sehr fraglich, ob die Befreiungsvorschrift zu den Netzentgelten für diese Umlage ebenfalls eingreift. Für die anderen genannten Umlagen und Abgaben ist diese Frage weiter offen.

3.4 Stromsteuer

Bei der Stromsteuer stellt sich zunächst ebenfalls die Frage, ob diese für den Strombezug eines Stromspeichers überhaupt anfällt und sodann, ob eine Befreiung eingreifen kann. Hinzuweisen ist darauf, dass das Stromsteuergesetz im Laufe des Jahres 2017 novelliert werden soll und sich hieraus Änderungen für die Stromsteuer bei Speichern ergeben können.

[13]Dazu siehe Lehnert und Vollprecht, ZNER 2012, S. 356 (360–364); Heller, EWeRK 2013, S. 177 (179 f.); Stappert et al., RdE 2015, S. 62 (65–68).

[14]BT-Drs. 18/10668, S. 158.

3.4.1 Anwendungserlass des BMF für Batteriespeicher

Nach einem Anwendungserlass des Bundesministeriums der Finanzen (BMF) soll die Stromsteuer in bestimmten Fällen des Strombezugs eines stationären Batteriespeichers wohl bereits nicht entstehen.[15] Zunächst heißt es in dem Erlass allerdings, dass die Entnahme von Strom aus dem Versorgungsnetz zum Aufladen eines Batteriespeichers grundsätzlich zur Entstehung der Stromsteuer führe. Eine Problematik ergebe sich jedoch für stationäre Batteriespeicher, die in das Versorgungsnetz eingebunden sind und bei denen der zur Zwischenspeicherung entnommene Strom zeitlich verzögert wieder in das Versorgungsnetz eingespeist werden soll. Hier könnte mit der erneuten Entnahme des zunächst zwischengespeicherten Stroms aus dem Versorgungsnetz die Stromsteuer ein zweites Mal entstehen, was vom Gesetzgeber nicht beabsichtigt sei. Bis zu einer gesetzlichen Anpassung könnten aus Sicht des BMF die Batteriespeicher einschließlich der erforderlichen Netzanschlüsse daher vorübergehend als Bestandteil des Versorgungsnetzes behandelt werden, um das Ergebnis einer doppelten Stromsteuerentstehung zu vermeiden.

Die gesetzliche Anpassung soll mit einer Novellierung des Stromsteuergesetzes in 2017 erfolgen. Nach dem Entwurf soll vorgesehen werden, dass das zuständige Hauptzollamt stationäre Batteriespeicher, die zur vorübergehenden Speicherung des Stroms und anschließenden Einspeisung in das Versorgungsnetz dienen, als Teile des Versorgungsnetzes einstufen kann (§ 5 Abs. 4 des Entwurfs zum StromStG[16]). Ein stationärer Batteriespeicher soll dabei ein wieder aufladbarer Speicher für Strom auf elektrochemischer Basis sein, der während des Betriebs ausschließlich an seinem geografischen Standort verbleibt, dauerhaft mit dem Versorgungsnetz verbunden und nicht Teil eines Fahrzeugs ist (§ 2 Nr. 9 des Entwurfs). Die endgültige Gesetzesfassung lag zum Redaktionsschluss dieses *essentials* noch nicht vor.

> **Praxistipp** Das Stromsteuergesetz wird novelliert – die neueste Fassung des Gesetzes muss einer Prüfung der Fragen zur Stromsteuer zugrunde gelegt werden. Nach der eigenen Vorab-Befassung können Einzelfragen mit dem zuständigen Hauptzollamt geklärt werden.

[15]Bundesministerium der Finanzen, Erlass III B 6 – V 4220/14/10001 DOK 2014/0679957 vom 31.07.2014, E-VSF-Nachrichten N 40 2014 184 vom 26.09.2014.

[16]Referentenentwurf zu einem Zweiten Gesetz zur Änderung des Energiesteuer- und des Stromsteuergesetzes vom 20.01.2017.

3.4.2 Befreiungstatbestände

Im Bereich der Stromsteuer kommen je nach Speicherkonzept und Speicherstandort zudem mehrere Tatbestände für eine Stromsteuerbefreiung in Betracht.

Für Strom „zur Stromerzeugung“ ist nach § 9 Abs. 1 Nr. 2 StromStG eine Stromsteuerbefreiung möglich. Eine konkretisierende Regelung in § 12 Abs. 1 Nr. 2 StromStV bezieht sich in diesem Zusammenhang allerdings nur auf Pumpspeicherwerke. Demgemäß wird Strom, der in Pumpspeicherwerken von den Pumpen zum Fördern der Speichermedien verbraucht wird, als Strom zur Stromerzeugung angesehen. Für andere Speichertechnologien ist hingegen fraglich, ob die Stromsteuerbefreiung für Strom zur Stromerzeugung eingreift.[17]

In der Praxis relevant ist weiter die Stromsteuerbefreiung für grünen Strom aus grünen Netzen nach § 9 Abs. 1 Nr. 1 StromStG. Nach § 9 Abs. 1 Nr. 3 StromStG kann eine Stromsteuerbefreiung außerdem für Strom, der in Anlagen mit einer elektrischen Nennleistung von bis zu 2 MW erzeugt wird und vom Betreiber der Anlage als Eigenerzeuger im räumlichen Zusammenhang zu der Anlage zum Selbstverbrauch entnommen wird oder von demjenigen, der die Anlage betreibt oder betreiben lässt, an Letztverbraucher geleistet wird, die den Strom im räumlichen Zusammenhang zu der Anlage entnehmen, eine Stromsteuerbefreiung eingreifen. Nach diesen beiden Befreiungstatbeständen kann je nach konkretem Speicherkonzept im Einzelfall die Stromsteuer entfallen.

Ein Erlass der Stromsteuer kommt für Power-to-Gas-Anlagen bei Entnahme durch ein Unternehmen des produzierenden Gewerbes in Betracht, § 9a Abs. 1 Nr. 1 StromStG. Diese Vorschrift hat daher für Speicherkonzepte unter Einbeziehung eines Elektrolyseurs hohe Bedeutung.

Ebenso wie im Bereich der EEG-Umlage und den Netzentgelten gilt auch bei der Stromsteuer, dass der Anlagenbetreiber einer Speichereinrichtung dieses für die Wirtschaftlichkeit wichtige Thema der Stromnebenkosten vor Verwirklichung seines Projektes abzuklären hat.

3.5 Fazit und Ausblick

Die Vorschriften zur Befreiung und Reduzierung von Netznutzungsentgelten, Umlagen und Abgaben bei Speichern sind keine einfache Kost. Dennoch ist zu konstatieren, dass sich der rechtliche Rahmen hier in den letzten Jahren erheblich

[17]Verneinend für Batteriespeicher BFH, Urt. v. 19.06.2012 – VII R 33/10 (nur mit den Leitsätzen veröffentlicht).

weiterentwickelt hat. Eine Doppelbelastung von Stromspeichern mit der EEG-Umlage wird nun weitgehend vermieden, wenn sich die Betreiber auch im Einzelfall mit den Voraussetzungen einer Befreiung beschäftigen und Nachweisobliegenheiten einhalten müssen.

Im heutigen System der Netzentgelte, Umlagen und Abgaben erreichen die hier aufgeführten Tatbestände für Stromspeicher und mitunter auch für sonstige Energiespeicher unter den gesetzlichen Voraussetzungen Ausnahmen und Befreiungen. Auch wenn Einzelfragen noch zu klären sind, ist diesbezüglich doch ein konturierter Rechtszustand erreicht.

Weiterentwicklungen bleiben gleichwohl möglich. So kann die Bundesnetzagentur beispielsweise die Voraussetzungen der Befreiung von Stromspeichern von der Doppelbelastung mit der EEG-Umlage durch Festlegung weiter konkretisieren.

Die aufgezeigten Ausnahme- und Befreiungstatbestände unterscheiden heute meist nicht danach, ob ein Speicher „sinnvoll" – insbesondere für Netz, Systemsicherheit oder Strommarkt – eingesetzt wird. In diesem Kontext ist aber eine neue Verordnungsermächtigung im Energiewirtschaftsgesetz zu erwähnen (§ 119 EnWG). Diese Verordnungsermächtigung soll für Forschungsprojekte unter dem „Schaufenster intelligente Energie – Digitale Agenda für die Energiewende" ermöglichen, veränderte Netzentgeltstrukturen für netz- und systemdienliche Situationen zu simulieren. In einer Art „Versuchsballon" können insbesondere für bestimmte Maßnahmen, die netzbezogene oder marktbezogene Eingriffe von Netzbetreibern vermeiden, oder für Zeiten negativer Börsenpreise andere Ermittlungsmethoden für Netznutzungsentgelte (und über eine entsprechende Ermächtigung im EEG auch bezüglich der EEG-Umlage) vorgesehen werden. Für Stromspeicher und auch für Sektorkopplungstechnologien können auch Befreiungen von den Netzentgelten vorgesehen werden. Dies alles gilt nur für die Teilnehmer an den Forschungsprojekten und im Umfang der hierfür relevanten SINTEG-Verordnung (SINTEG-V). Es zeigt aber, dass der Gesetzgeber über weitere Änderungen zumindest nachdenkt.

Im Impulspapier „Strom 2030" gibt das Bundesministerium für Wirtschaft und Energie (BMWi) grundsätzlich an, das System der Umlagen, Entgelte und Abgaben für Flexibilität und Sektorkopplung weiterentwickeln zu wollen. Derzeit werde Flexibilität dadurch gehemmt, dass bestimmte Preisbestandteile die Strompreissignale am Großhandelsmarkt überlagern.[18] Mit Initiativen, welche

[18]Bundesministerium für Wirtschaft und Energie, Impulspapier Strom 2030, Langfristige Trends – Aufgaben für die kommenden Jahre, September 2016, S. 9, 10, 20, 30.

dieses Thema angehen, ist daher durchaus zu rechnen. Dabei zeigt sich erneut, dass das BMWi keinesfalls allein Speicher im Blick hat, sondern systemdienliche Flexibilität insgesamt. Die anspruchsvolle regulatorische Aufgabe besteht also darin, neben den Speichern auch alle anderen Flexibilitätsoptionen angemessen zu berücksichtigen.

Rechtliche Rahmenbedingungen für die Marktteilnahme von Speichern 4

Bereits nach dem allgemeinen Energiewirtschaftsrecht bestehen für eine Markteilnahme von Energiespeichern vielfältige Möglichkeiten. Besonderheiten bestehen, wenn der Stromspeicher mit erneuerbarem Strom betrieben werden soll. Heute spielen für die Verwirklichung von Speicherprojekten außerdem Förderprogramme für die Speicherung eine wichtige Rolle.

4.1 Netzanschluss von Speichern

Eine der ersten Fragen für ein Speicherprojekt ist zunächst aber, wie der Speicher an das Energieversorgungsnetz angeschlossen werden kann. Die Vorgaben zum Netzanschluss unterscheiden sich danach, ob ein „normaler" Speicher nach dem allgemeinen Energiewirtschaftsrecht oder ein Speicher für Strom aus erneuerbaren Energien nach dem EEG angeschlossen werden soll.

4.1.1 Anschluss nach dem EnWG

Nach § 17 Abs. 1 EnWG sind auch „Anlagen zur Speicherung elektrischer Energie" zu angemessenen, diskriminierungsfreien und transparenten technischen und wirtschaftlichen Bedingungen an das jeweilige Energieversorgungsnetz anzuschließen. Der Netzanschluss darf nur verweigert werden, wenn der Anschluss aus betriebsbedingten oder sonstigen wirtschaftlichen oder technischen Gründen

H. Thomas, *Rechtliche Rahmenbedingungen der Energiespeicher und der Sektorkopplung*, essentials, DOI 10.1007/978-3-658-17641-9_4

unmöglich oder unzumutbar ist. Daneben kann sich je nach Lage des Einzelfalls ein Anschlussanspruch auch aus § 18 EnWG ergeben.[1]

Für die Ausführung des Netzanschlusses gilt im EnWG ebenso wie im EEG (s. § 10 Abs. 2 EEG 2017) im Kern die Vorgabe, dass die technische Sicherheit zu gewährleisten ist, wofür insbesondere die allgemein anerkannten Regeln der Technik einzuhalten sind (§ 49 EnWG). Den technischen Regeln des Verbandes der Elektrotechnik Elektronik Informationstechnik e. V. kommt für die Einhaltung der allgemein anerkannten Regeln der Technik eine Vermutungswirkung zu. Daher ist hervorzuheben, dass der VDE eine VDE-Anwendungsregel mit Sicherheitsanforderungen für die Planung, die Errichtung, den Betrieb, die Deinstallation und die Entsorgung für stationäre elektrische Energiespeichersysteme zum Festanschluss an ortsfeste elektrische Anlagen veröffentlicht hat (VDE-AR-E 2510-2). Außerdem ist die VDE-Anwendungsregel für stationäre Energiespeichersysteme mit Lithium-Batterien zu erwähnen (E VDE-AR-E 2510-50). Die Netzbetreiber können ihrerseits technische Anschlussbedingungen vorgeben.

> **Praxistipp** Einschlägige technische Normen für Energiespeicher wurden in der Deutschen Normungsroadmap Energiespeicher, Version 1, zusammengestellt.[2]

4.1.2 Anschluss nach dem EEG

Wenn es sich bei dem Speicher um eine Anlage im Sinne des EEG handelt (siehe Abschn. 2.3 und 4.3.3), greifen für den Speicher auch die Vorschriften zum Netzanschluss in § 8 EEG 2017. Anlagen im Sinne des EEG sind danach „unverzüglich" und „vorrangig" anzuschließen.

§ 8 EEG 2017 gibt im Einzelnen vor, wie der Verknüpfungspunkt zwischen Anlage und Netz zwischen Anlagenbetreiber und Netzbetreiber zu ermitteln ist. Der Anlagenbetreiber trägt (lediglich) die Kosten zum Anschluss der Anlage an den so ermittelten Verknüpfungspunkt.

Die Kosten der Optimierung, der Verstärkung oder des Ausbaus des Netzes hat nach § 17 EEG 2017 hingegen der Netzbetreiber zu tragen. Nur soweit dies

[1] Sailer ZNER 2012, S. 153 (156); Lehnert und Vollprecht ZNER 2012, S. 356 (359).

[2] VDI/DVGW/DKW/DIN, Deutsche Normungsroadmap Energiespeicher, Version 1, Februar 2016.

wirtschaftlich unzumutbar ist, muss der Netzbetreiber sein Netz nicht optimieren, verstärken und ausbauen (§ 12 Abs. 3 EEG 2017). Fällt ein Speicher als „Anlage" unter die Vorschriften des EEG, so ist er daher zu privilegierenden Bedingungen an das Netz anzuschließen.

4.2 Vermarktungsmöglichkeiten im Energiewirtschaftsrecht

Stromspeicher können sich wie andere Letztverbraucher und Erzeugungsanlagen unter den Regelungen des allgemeinen Energiewirtschaftsrechts an den verschiedenen Energiemärkten beteiligen. Da die Stromspeicher sowohl ihre Einspeicher- als auch ihre Ausspeicherkapazitäten vermarkten können, besteht hier eine Reihe von Möglichkeiten.

4.2.1 Lieferverträge/Börsenhandel

Der Bezug von Strom für den Betrieb eines Energiespeichers kann auf der Basis normaler Energielieferverträge erfolgen. Das klassische Betriebsmodell der Pumpspeicherkraftwerke war hier, sich durch die Unterschiede in den Marktpreisen im Rahmen sogenannter Arbitragegeschäfte zu finanzieren. Strom wurde für die Einspeicherung zu Zeiten günstiger Strompreise eingekauft und in der Ausspeicherung zu Zeiten hoher Preise verkauft. Grundsätzlich können sich Stromspeicher aber auch über langfristige Lieferverträge mit dem notwendigen Strombedarf eindecken.

4.2.2 Teilnahme an den Regelenergiemärkten

Eingehend diskutiert wird die Teilnahme von Stromspeichern an den Regelenergiemärkten. Um die Systemstabilität in den Stromnetzen aufrechtzuerhalten, schreiben die vier deutschen Übertragungsnetzbetreiber die erforderliche positive und negative Regelenergie aus. Dies erfolgt über eine gemeinsame Internetplattform der vier Übertragungsnetzbetreiber.[3] Darin wird die benötigte Regelleistung

[3] www.regelleistung.net.

nach den Formen Primärregelleistung, Sekundärregelleistung und Minutenreserveleistung ausgeschrieben.

Bei Stromspeichern besteht die Besonderheit, dass sie aufgrund ihrer „Doppelfunktion" sowohl negative als auch positive Regelleistung anbieten können. Gleichwohl sind die Hürden für eine Teilnahme an den Regelenergiemärkten nicht unerheblich. Um an den Regelenergiemärkten teilnehmen zu dürfen, sind sogenannte Präqualifikationsbedingungen zu erfüllen. Diese werden zunächst von Festlegungen der Bundesnetzagentur für die einzelnen Arten der Regelenergie bestimmt.[4] Im Transmission Code 2007 zu den „Netz- und Systemregeln der deutschen Übertragungsnetzbetreiber" haben sich die Übertragungsnetzbetreiber zudem auf gemeinsame Präqualifikationsanforderungen zur Teilnahme an den Regelenergiemärkten verständigt. Zukünftig werden die Präqualifikationsbedingungen auch von europäischer Ebene mitbestimmt werden.

Praxistipp Für die Teilnahme an den Regelenergiemärkten ist es erforderlich, sich mit den sehr technischen Marktregeln des jeweiligen Regelenergiemarktes vertraut zu machen. Ohne Präqualifikation durch die Übertragungsnetzbetreiber ist keine Teilnahme an diesen Märkten möglich.

Primärregelleistung durch Batteriespeicher. Die Präqualifikationsanforderungen befinden sich gerade für die Einbindung neuer Stromspeicher wie Batteriespeicher stark in der Diskussion.[5] Hintergrund ist, dass Batteriespeicher nur eine begrenzte Kapazität haben – anders als die meisten bislang an den Regelenergiemärkten teilnehmenden Erzeugungsanlagen. Die deutschen Übertragungsnetzbetreiber haben im August 2015 ein Papier zu den „Anforderungen an die Speicherkapazität bei Batterien für die Primärregelleistung" vorgelegt.[6] Hierin spezifizieren die Übertragungsnetzbetreiber die Mindestanforderungen für die Teilnahme von Batteriespeichern am Primärregelleistungsmarkt in Abhängigkeit davon, ob die Batteriespeicher singulär im eigenständigen Betrieb oder integriert in einen Pool mit anderen technischen Einheiten betrieben werden. Dabei gehen die Übertragungsnetzbetreiber davon aus, dass ein kontinuierlicher Vollabruf der

[4]BNetzA, Beschl v. 12.04.2011 – BK6-10-097 (Primärregelenergie) und BK6-10-098 (Sekundärregelenergie), Beschl. v. 18.10.2011 – BK6-10-099 (Minutenreserve).

[5]Eingehend dazu siehe Schwintowski EWeRK 2016, S. 248 ff.

[6]Deutsche ÜNB, Anforderungen an die Speicherkapazität bei Batterien für die Primärregelleistung, 26.08.2015.

präqualifizierten Primärregelleistung für mindestens 30 min zu gewährleisten ist. In Abhängigkeit der nutzbaren Speicherkapazität zur präqualifizierten Primärregelleistung geben die Übertragungsnetzbetreiber darauf aufbauend einen Arbeitsbereich für den Ladestand des Batteriespeichers im Normalbetrieb vor. Faktisch werden die Speicherbetreiber dazu angehalten, eine möglichst große Speicherkapazität vorzuhalten und/oder sich in einen Pool zu integrieren, da ihnen andernfalls nach Sichtweise der Übertragungsnetzbetreiber nur ein sehr geringer Handlungsspielraum für die Fahrweise des Speichers bei der Teilnahme am Primärregelmarkt verbleibt.

Ob die Anforderungen der Übertragungsnetzbetreiber in dieser Weise zulässig sind, wird in der Speicherbranche kritisch hinterfragt. Grundsätzlich ist zu bedenken, dass Batteriespeicher anders als andere technische Einheiten an den Regelenergiemärkten nur über begrenzte Speichervolumina verfügen, aber beispielsweise in Bezug auf Schnelligkeit und Genauigkeit der Regelleistungsbereitstellung wiederum Vorteile gegenüber anderen Technologien erbringen können. Ein technologieneutraler, offener Wettbewerb zwischen allen geeigneten technischen Einheiten mit ihren unterschiedlichen Eigenschaften ist zielführend für eine volkswirtschaftlich effiziente Bereitstellung der Regelleistung.

Speicherbetreiber können sich über die Internetplattform der Übertragungsnetzbetreiber eingehend über Daten, Präqualifikationsanforderungen und Funktionsweise des jeweiligen Regelleistungsmarktes informieren. Relevant sind auch die Rahmenverträge der Übertragungsnetzbetreiber, welche zur Teilnahme an den Regelenergiemärkten abzuschließen sind.

4.2.3 Speicher im Strommarkt 2.0 und im Strommarktgesetz

Mit der Novellierung durch das Strommarktgesetz (StrommarktG) wurde im Energiewirtschaftsgesetz die freie Preisbildung am Strommarkt festgeschrieben (siehe Abschn. 2.5). Aus Sicht der Speicher sind die mit dem StrommarktG angestoßenen Maßnahmen zur Bilanzkreistreue mit Änderungen an § 8 StromNZV hervorzuheben. Übertragungsnetzbetreiber haben nach dieser Vorschrift den Nutzern der Übertragungsnetze die Kosten für Primärregelleistung und -arbeit, für die Vorhaltung von Sekundärregelleistung und Minutenreserveleistung als eigenständige Systemdienstleistungen in Rechnung zu stellen. Zukünftig soll die BNetzA durch Festlegung die Kosten für den Teil der Vorhaltung von Regelleistung aus Sekundärregel- oder Minutenreserveleistung, der durch das Verhalten der Bilanzkreisverantwortlichen insgesamt verursacht wird, zur Abrechnung über die Ausgleichsenergie bestimmen können. Damit sollen die Kosten zur Vorhaltung von Regelleistung zukünftig verstärkt auf die Bilanzkreisverantwortlichen umgelegt werden. Außerdem sollen die Bilanzkreise auch für die Bereitstellung von Sekundärregelung geöffnet werden.

Mit dem Strommarktgesetz wird Verteilnetzbetreibern außerdem ermöglicht, eine Spitzenkappung von Onshore-Windenergieanlagen und Fotovoltaik-Anlagen um bis zu drei Prozent als Alternative bei der Netzplanung einzubeziehen. Dies könnte eventuell dazu führen, dass in bestimmten Netzsituationen diese Strommengen von Speichern nutzbar gemacht werden können.

Entsprechend der politischen Zielsetzungen aus dem Weißbuch des BMWi (siehe Abschn. 2.5) wurden mit dem Strommarktgesetz aber keine speicherspezifischen Bestimmungen geschaffen. Stattdessen werden die Speicher als eine der Flexibilitätsoptionen im künftigen Strommarkt behandelt.

Im Weißbuch wird angekündigt, dass die Teilnahme an den Regelenergiemärkten für neue Anbieter und insbesondere Speicher vereinfacht werden soll. Ein Mittel hierzu seien kürzere Vorlaufzeiten und Produktzeitscheiben, aber auch ein Sekundärmarkt für Sekundärregelleistung wird diskutiert. Zudem ist geplant, durch ein weiterentwickeltes Bilanz- und Ausgleichsenergiesystem die Anreize zur Bilanzkreistreue zu stärken. Angekündigt wird außerdem, dass die staatlich veranlassten Strompreisbestandteile mit dem Ziel eines flexiblen Reagierens auf die Preissignale überarbeitet werden sollen, wobei auch die effiziente Kopplung der Sektoren ermöglicht werden soll.

4.2.4 Entgelt für dezentrale Einspeisung

Für die Einspeisung von Strom aus Stromspeichern kommt derzeit noch die Inanspruchnahme eines Entgelts für die dezentrale Einspeisung nach § 18 der Stromnetzentgeltverordnung (StromNEV) in Betracht. Allerdings ist nicht zweifelsfrei geregelt, ob für Stromspeicher dieses Entgelt für die dezentrale Einspeisung geltend gemacht werden kann.[7] Ein Entgelt für die dezentrale Einspeisung ist jedenfalls dann nicht erhältlich, wenn die Stromeinspeisung über das EEG 2017 finanziell gefördert wird. In den übrigen Fällen sollten sich Speicherbetreiber aber mit der Möglichkeit zur Beanspruchung eines entsprechenden Entgelts auseinandersetzen, wenn eine Rückverstromung und Wiedereinspeisung in ein

[7] Heller EWeRK 2013, S. 177 (184 f.).

Stromnetz geplant ist. Da Stromspeicher von den Regulierungsbehörden weitgehend wie Erzeugungsanlagen behandelt werden, spricht viel dafür, dass in der Praxis bei der Einspeisung von Stromspeichern in die Verteilernetzebene nach den gesetzlichen Voraussetzungen vermiedene Netzentgelte erhältlich sind.[8]

Mit dem Netzentgeltmodernisierungsgesetz sollen die Entgelte für die vermiedene Netznutzung allerdings schrittweise abgeschafft werden.[9] Hintergrund ist, dass sich aus Sicht des Gesetzgebers die Rahmenbedingungen durch den Anstieg in der dezentralen Erzeugung derart geändert haben, dass diese durch den Ausbau der Stromnetze selbst zunehmend Netzkosten verursache und die Förderung der dezentralen Einspeisung durch § 18 StromNEV daher überarbeitet werden müsse. Für ab dem 01.01.2021 in Betrieb genommene dezentrale Erzeugungsanlagen – im Falle von Anlagen mit volatiler Erzeugung sogar bereits bei einer Inbetriebnahme ab dem 01.01.2018 – soll daher keine Erstattung eingesparter Entgelte für den Netzzugang mehr vorgesehen werden (Entwurf § 120 Abs. 1 EnWG). Auch für bereits zuvor in Betrieb genommene dezentrale Erzeugungsanlagen sollen die Entgelte schrittweise reduziert werden. Spätestens ab dem 01.01.2027 sollen bei volatiler Erzeugung bzw. ab dem 01.01.2030 bei allen anderen Anlagen keine Entgelte für vermiedene Netznutzung mehr gewährt werden.

4.3 Vermarktungsmöglichkeiten im EEG 2017

Wird ein Stromspeicher mit erneuerbarem Strom betrieben, so kann auch der Speicher als Anlage im Sinne des EEG 2017 anzusehen sein (siehe Abschn. 2.3).

4.3.1 EEG-Förderung bei Rückverstromung und Einspeisung in ein Netz

Wird der erneuerbare Strom bereits vor der Einspeisung in ein Netz für die allgemeine Versorgung in einer Speichereinrichtung zwischengespeichert, so kann im Fall einer späteren Ausspeicherung des Stroms in ein Netz für die allgemeine Versorgung ein Anspruch auf eine finanzielle Förderung nach dem EEG für den zwischengespeicherten Strom bestehen. Hierfür enthält das Gesetz in

[8] Drerup und Bourwieg ER 2016, S. 197 (200).

[9] BR-Drs. 73/17.

§ 19 Abs. 3 EEG 2017 eine eigenständige Norm, welche die Möglichkeit einer Förderung nach dem EEG durch Einspeisevergütung oder Marktprämie bei der Ausspeisung regelt.

Wenn diese Möglichkeit genutzt werden soll, ist der Stromspeicher vor dem Netz für die allgemeine Versorgung unmittelbar an eine EEG-Erzeugungsanlage wie eine Windenergieanlage oder eine Fotovoltaik-Anlage anzuschließen – denn der Strom muss vor der Einspeisung in das Netz für die allgemeine Versorgung zwischengespeichert werden. Außerdem ist erneuerbarer Strom zu speichern, für den die allgemeinen und besonderen Fördervoraussetzungen des EEG eingehalten werden. Wird der Strom aus dem Speicher sodann in ein Netz für die allgemeine Versorgung eingespeist, so bezieht sich der Anspruch auf eine finanzielle Förderung nur noch auf die Strommenge, die aus dem Stromspeicher in das Netz eingespeist wird. Wenngleich dies nicht völlig unumstritten ist, so spricht die gesetzliche Formulierung sehr deutlich dafür, dass lediglich die ausgespeiste Strommenge nach dem EEG gefördert wird. Die Speicherverluste gehen daher zulasten des Betreibers der Speichereinrichtung.[10]

Außerdem wiegt schwer, dass das EEG keinen eigenen Vergütungssatz und auch keinen Bonus für die Zwischenspeicherung kennt. Die Förderhöhe bestimmt sich stattdessen nach der Höhe der finanziellen Förderung, welche bei einer Einspeisung des Stroms in das Netz für die allgemeine Versorgung ohne Zwischenspeicherung zu zahlen ist. Entscheidend ist danach letztlich die Förderhöhe für Strom aus der EEG-Erzeugungsanlage, aus der Strom eingespeichert wurde. Diese Höhe der Förderung wird aber auf die in das Netz für die allgemeine Versorgung ausgespeicherte Strommenge bezogen.[11] Die Speicherung an sich wird also nicht gesondert gefördert.

4.3.2 EEG-Direktvermarktung und Speicher

Die vorangegangenen Ausführungen machen deutlich, dass die Inanspruchnahme einer Einspeisevergütung für Strom aus einem Speicher nur in besonderen Fällen wirtschaftlich interessant wird. Größere Deckungsbeiträge können eher über die Möglichkeiten der Direktvermarktung im EEG erzielt werden. Mit dem

---

[10]Sailer ZNER 2012, S. 153 (158); Lehnert und Thomas in: Altrock, Oschmann und Theobald (2013), EEG, § 16 Rn. 55.

[11]Lehnert und Thomas in: Altrock, Oschmann und Theobald (2013), EEG, § 16 Rn. 56.

EEG 2014 (und fortgeführt mit dem EEG 2017) wurde die Direktvermarktung grundsätzlich verpflichtend ausgestaltet. Größere Neuanlagen über bestimmten Leistungsgrenzen können seitdem grundsätzlich keine (unverminderte) Einspeisevergütung mehr beanspruchen. Dies hat unmittelbar und mittelbar auch für Speichereinrichtungen Auswirkungen. Unmittelbar bedeutet dies, dass Speicher über bestimmten Leistungsgrenzen bei einem Betrieb mit erneuerbarem Strom ebenfalls grundsätzlich in die Direktvermarktung zu wechseln haben. Mittelbar hat die verpflichtende Direktvermarktung positive Auswirkungen für Speicher, da ein Speicher für die Vermarktung von Strom aus anderen EEG-Anlagen durchaus ein interessanter Abnehmer sein kann.

Die Direktvermarktung nach dem EEG zeichnet sich dadurch aus, dass Anlagenbetreiber ihren Strom auf den „normalen" Strommärkten veräußern und dafür einen Marktpreis erzielen. Zusätzlich dazu können sie bei Einhaltung der allgemeinen und besonderen Fördervoraussetzungen nach dem EEG vom Netzbetreiber eine Marktprämie in Anspruch nehmen. Diese Marktprämie gleicht – kurz gesagt – die höheren Stromgestehungskosten für erneuerbaren Strom aus.

Wenn Speichereinrichtungen in das System der EEG-Direktvermarktung eingebettet werden sollen, so ist danach zu unterscheiden, ob der Speicher vor dem Netz für die allgemeine Versorgung oder über das Netz für die allgemeine Versorgung betrieben wird. Wird der Speicher bereits vor dem Netz betrieben, so kann bei der Ausspeicherung des erneuerbaren Stroms in das Netz eine Direktvermarktung unter Inanspruchnahme einer Marktprämie durchgeführt werden. Für diesen Fall gelten die Vorgaben des § 19 Abs. 3 EEG 2017 für die Förderung des zwischengespeicherten Stroms (siehe Abschn. 4.3.1).

Wird der Speicher hingegen über das Netz für die allgemeine Versorgung betrieben, so kann bereits die Stromlieferung an den Speicher im Wege der Direktvermarktung unter Inanspruchnahme einer Marktprämie erfolgen. In diesem zweiten Fall können für den zwischengespeicherten Strom aber bei seiner Ausspeicherung keine Förderungen nach dem EEG 2017 geltend gemacht werden. Auch ist das Doppelvermarktungsverbot des EEG 2017 zu beachten, welches eine Vermarktung des zwischengespeicherten Stroms als „Grünstrom" in dieser Konstellation regelmäßig untersagt. Gleichwohl kann auch das Laden eines Speichers im Wege der EEG-Direktvermarktung eine interessante Option sein, weil die Marktprämie bereits bei der Einspeicherung beansprucht werden kann und der zwischengespeicherte Strom wiederum – wenn auch als „Graustrom“ – bedarfsgerecht an weitere Abnehmer geliefert werden kann.[12]

Der Anlagenbetreiber hat je nach Zielsetzung im Einzelfall zu entscheiden, ob und wie die Vermarktungsmöglichkeiten des EEG genutzt werden.

4.3.3 Fördervoraussetzungen des EEG

Sollen für den in einem Stromspeicher zwischengespeicherten Strom Förderungen nach dem EEG 2017 geltend gemacht werden, sind die allgemeinen und besonderen Fördervoraussetzungen des EEG hierfür einzuhalten.

Technische Vorgaben des § 9 EEG 2017. Hierzu gehören beispielsweise die Einhaltung der technischen Vorgaben aus § 9 EEG 2017 zur ferngesteuerten Regelbarkeit der Anlagen als auch die Wechselvorgaben zwischen den verschiedenen Formen der Förderung. Wenn ein Stromspeicher eine Anlage im Sinne des EEG ist, müssen für ihn die technischen Voraussetzungen des § 9 EEG 2017 eingehalten werden.[13] Auch an eine Registrierung im Anlagenregister sollte bei einem als Anlage im Sinne des EEG geltenden Speicher gedacht werden.

Wie grün muss der Stromspeicher sein? Für Speichereinrichtungen spielt von den Fördervoraussetzungen des EEG insbesondere das Ausschließlichkeitsprinzip eine Rolle. Bereits in der Definition der Speichereinrichtungen als „Anlage“ im Sinne des EEG in § 3 Nr. 1 2. HS EEG 2017 wird vorausgesetzt, dass die Einrichtungen „zwischengespeicherte Energie, die ausschließlich aus erneuerbaren Energien […] stammt, aufnehmen und in elektrische Energie umwandeln“ müssen. Klar ist damit, dass die zwischengespeicherte Energie ausschließlich aus erneuerbaren Energien zu stammen hat, wenn bei der Ausspeicherung Förderansprüche nach dem EEG geltend gemacht werden sollen.

Unklar und umstritten ist jedoch, ob der Stromspeicher als technische Einrichtung ausschließlich mit Strom aus erneuerbaren Energien beladen werden darf, wenn er als Anlage im Sinne des EEG eingestuft werden soll. Die Clearingstelle EEG hält dies für notwendig – ein Stromspeicher ist aus ihrer Sicht nur dann Anlage im Sinne des EEG, wenn er ausschließlich Strom aus erneuerbaren Energien (oder aus Grubengas) aufnimmt und in elektrische Energie

[12]Näher Thomas und Altrock ZUR 2013, S. 579 (581).

[13]Clearingstelle EEG, Empfehlung 2016/12 vom 23.01.2017, Leitsatz 5.

umwandelt.[14] Geringfügige Beladungen des Speichers mit „Graustrom" aus dem Netz für die allgemeine Versorgung würden der Einstufung als Anlage im Sinne des EEG aber nicht schaden, wenn sie technisch nicht oder nur mit unverhältnismäßig hohem Aufwand vermeidbar oder sogar technisch notwendig sind, um den Speicher vor Beschädigung durch Tiefentladung zu schützen.

Gegen diese Sichtweise spricht jedoch bereits, dass in § 3 Nr. 1 2. HS EEG 2017 für Speichereinrichtungen nur vorausgesetzt wird, dass die zwischengespeicherte Energie ausschließlich aus erneuerbaren Energien stammt. Dies würde die Möglichkeit offenlassen, den Speicher zu anderen Zeiträumen oder auch strommengenanteilig nicht mit erneuerbarem Strom zu betreiben, für diese Zeiträume oder Anteile dann aber auch keine Förderansprüche nach dem EEG geltend zu machen. Für die Richtigkeit dieser Herangehensweise spricht auch, dass für die Zwischenspeicherung die besondere Vorschrift des § 19 Abs. 3 EEG 2017 gilt. Das strengere Ausschließlichkeitsprinzip des § 19 Abs. 1 EEG 2017 – welches schon nach dem Wortlaut auf die gesamte Anlage bezogen ist – würde nach dieser Sichtweise auf Speicher keine Anwendung finden.[15] In der Sache spricht hierfür auch, dass die Zwischenspeicherung von Strom im EEG nicht besonders gefördert wird. Anders als bei den geförderten EEG-Erzeugungsanlagen erscheint es daher auch schwerlich angemessen, Anforderungen an eine rein erneuerbare Betriebsweise der Speichereinrichtungen zu stellen.

Angesichts der vorgenannten Empfehlung der Clearingstelle EEG besteht hier aber eine Unsicherheit. In der Praxis werden daher viele Betreiber einen Stromspeicher ausschließlich mit erneuerbarem Strom versorgen, wenn nach der Zwischenspeicherung Förderansprüche nach dem EEG geltend gemacht werden sollen.

Einschränkungen für EEG-Anlagen bei Ausschreibung. Eine weitere Schwierigkeit zum Einsatz von Speichern im Zusammenspiel mit neuen EEG-Anlagen, die an den mit dem EEG 2017 eingeführten Ausschreibungen teilnehmen, ergibt sich durch eine Neuregelung in § 27a EEG 2017. Sofern die Förderung für eine EEG-Anlage im Weg von Ausschreibungen bestimmt wird, beschränkt diese Vorschrift die Möglichkeiten der Eigenversorgung mit dem

---

[14] Clearingstelle EEG, Empfehlung 2016/12 vom 23.01.2017, Leitsatz 1.

[15] Wieser ZUR 2011, S. 240 (242); Sailer ZNER 2012, S. 153 (158 f.); Thomas und Altrock ZUR 2013, S. 579 (587 f.).

Strom aus diesen EEG-Anlagen.[16] Grundsätzlich dürfen die Betreiber dieser EEG-Anlagen in dem gesamten Zeitraum, in dem sie Zahlungen nach dem EEG 2017 in Anspruch nehmen, den in ihrer Anlage erzeugten Strom nicht zur Eigenversorgung nutzen. Hiervon werden allerdings mehrere Ausnahmen gemacht, die auch für Speicher relevant sein können. Ausgenommen ist unter anderem Strom, der zum Ausgleich physikalisch bedingter Netzverluste oder in Stunden mit negativen Marktpreisen verbraucht wird. Auch möglich ist ein Verbrauch von Strom in den Stunden, in denen die Einspeiseleistung bei Netzüberlastung durch das EEG-Einspeisemanagement reduziert wird. Ebenfalls ausgenommen ist Strom, der in anderen Anlagen verbraucht wird, die über denselben Verknüpfungspunkt mit dem Netz verbunden sind. Sofern es sich bei einem Stromspeicher um eine Anlage im Sinne des EEG handelt, spricht viel dafür, dass dann eine Beladung des Speichers auch aus EEG-Erzeugungsanlagen an demselben Netzverknüpfungspunkt, die an Ausschreibungen teilnehmen, möglich ist. Mit diesen Anforderungen muss sich der Betreiber einer entsprechenden EEG-Anlage aber eingehend auseinandersetzen, wenn sie in die Ausschreibungspflicht fällt und ein Eigenversorgungskonzept verwirklicht werden soll.

4.3.4 Weitere Märkte

Energiespeicher können auch darüber hinaus Vorteile an bestehenden oder zukünftigen Märkten generieren. Insgesamt ist aufgrund der technischen Eigenschaften für Speicher zu erwarten, dass sich diese nicht nur auf einen Markt konzentrieren, sondern dass eine Teilnahme an diversen Märkten möglich ist. So können Speicher schon im derzeitigen System der Netzentgelte Vorteile erbringen, wenn Speicher zur Optimierung des Strombezugs eingesetzt werden und hiermit z. B. eine Leistungsspitze vermieden werden kann („Peak-Shaving"). Energiespeicher können ferner zu Netz- und Systemdienstleistungen eingesetzt werden. Sie sind in der Regel technisch geeignet, Beiträge z. B. zu Schwarzstartfähigkeit, Blindleistung und Spannungshaltung zu leisten. Für diese Leistungen lässt sich durchaus vorstellen, dass diese stärker marktlich organisiert werden, sodass auch Speicher an diesen Märkten teilnehmen können.

Diskussionsbedarf wirft die Nutzung von Strom aus dem Einspeisemanagement für Speichereinrichtungen auf. Nach den Regelungen zum Einspeisemanagement

[16] Kritisch mit Blick auf die Sektorkopplung auch Buchmüller und Hennig ZNER, S. 384 (389).

in § 14 EEG 2017 können Netzbetreiber zur Vermeidung eines Netzengpasses ausnahmsweise auch EEG- und KWK-Anlagen in ihrer Einspeiseleistung reduzieren. Zwar ist auch im Einspeisemanagement der Vorrang für Strom aus diesen Energiequellen so weit wie möglich zu gewähren. Insbesondere in Norddeutschland treten Situationen des Einspeisemanagements aber immer häufiger auf. Hier stellen sich heute jedoch rechtliche Fragen dazu, ob anstelle einer Leistungsreduzierung der EEG- und ggf. auch KWK-Anlagen diese zur Versorgung eines zugeschalteten Stromspeichers in Zeiten eines EEG-Einspeisemanagements weiterbetrieben werden dürfen und welche Folgen dies für den Betreiber hat.[17] Hier besteht noch Klarstellungsbedarf.

4.4 Förderprogramme

Energiespeicher werden im Hinblick auf die Bedeutung, die ihnen mit einem zunehmenden Anteil erneuerbarer Energien im System zukommen wird, gezielt durch unterschiedliche Förderprogramme unterstützt. So werden mit der „Förderinitiative Energiespeicher“ vom Bundesministerium für Wirtschaft und Energie (BMWi), vom Bundesministerium für Umwelt, Naturschutz, Bau und Reaktorsicherheit (BMUB) und vom Bundesministerium für Bildung und Forschung (BMBF) in einer ersten Phase etwa 200 Mio EUR für die Forschung bereitgestellt.[18] Über 250 Projekte sind in der Förderinitiative Energiespeicher bewilligt worden. Außerdem können Förderungen für Energiespeicher auch aus Landesmitteln zur Verfügung gestellt werden, wofür auf Landesebene eine Reihe unterschiedlicher Programme z. B. in Niedersachsen, NRW und Baden-Württemberg existieren.

Den über eine Forschungsförderung hinausgehenden Ansatz eines Marktanreizprogramms verfolgt die Fördermaßnahme „Erneuerbare Energien – Speicher“ der KfW. In diesem Kredit 275 der KfW werden Batteriespeichersysteme, die mit einer Fotovoltaik-Anlage betrieben werden, gefördert. Dabei darf die installierte Leistung der Fotovoltaik-Anlage maximal 30 kW betragen. Zur Förderung werden

[17]Dazu Hoppenbrock V in: Altrock, Oschmann und Theobald (2013), EEG, § 12 Rn. 73; Schäfermeier A in: Reshöft und Schäfermeier (2014), EEG, § 12 Rn. 16. Altrock, Thomas und Vollprecht EnWZ 2016, 106.

[18]Bundeswirtschaftsministerium für Wirtschaft und Energie, Förderinitiative Energiespeicher, Informationen unter http://www.bmwi.de/Redaktion/DE/Artikel/Energie/foerderung-energiespeicher.html, letzter Abruf: 25.02.2017.

ein günstiger Kredit und darin vor allem auch ein Tilgungszuschuss gewährt. Die Förderung ist an mehrere Voraussetzungen geknüpft.[19] Hiervon ist hervorzuheben, dass die maximale Einspeiseleistung der Fotovoltaik-Anlage 60 % der installierten Leistung betragen darf und also Kriterien der Netzdienlichkeit zu erfüllen sind.

Darüber hinaus gibt es für Wärmespeicher Förderungen innerhalb des Marktanreizprogrammes im Wärmesektor und dem KWKG. Daneben können sich auch aus den Vorschriften für Neubauten und energetische Sanierungen Anreize zur Verwendung von Wärmespeichern ergeben.

[19]Dazu im Überblick KfW, Merkblatt Erneuerbare Energien, KfW-Programm Erneuerbare Energien „Speicher", abrufbar unter: www.kfw.de/Download-Center/Förderprogramme-(Inlandsförderung)/PDF-Dokumente/6000002700_M_275_Speicher.pdf, letzter Abruf: 25.02.2017.

5 Recht für die Sektorkopplung

Mit der Sektorkopplung wird die Nutzung von Strom für die Sektoren Wärme und Verkehr sowie ggf. auch der Einsatz in industriellen Anwendungen, die derzeit auf Basis fossiler Rohstoffe stattfinden, bezeichnet. Schon heute wird Strom für den Einsatz im elektrifizierten Schienenverkehr und in Stromheizungen verwendet – insofern ist Sektorkopplung nichts Neues. Das Thema Sektorkopplung wird aber deshalb in der Energiewirtschaft heute so intensiv diskutiert, weil im Zuge der Energiewende in ganz neuem Umfang über einen Einsatz von Strom zum Erreichen der Klimaschutzziele auch in den Sektoren Verkehr und Wärme diskutiert wird. Außerdem werden insbesondere mit Power-to-Gas neue Verbindungen zwischen Energiesektoren geschaffen, die so bislang nicht verwirklicht waren.

5.1 Grundlagen Sektorkopplung

Strom ist ein hochwertiges Produkt. In Deutschland erzeugen wir weiterhin den größten Teil unseres Stroms aus fossilen Energiequellen mit den entsprechenden Treibhausgasemissionen. Ein Einsatz von Strom für Zwecke der Herstellung von anderen Energieprodukten, die in den Sektoren Wärme und Verkehr verwendet werden, will daher wohl überlegt sein.

Dennoch gibt es gute Gründe, über neue Formen der Sektorkopplung bereits heute nachzudenken und sie in bestimmten Situationen zu erproben und einzusetzen. Von den Treibern, die für die Sektorkopplung diskutiert werden, stehen die Klimaschutzziele für die Sektoren Wärme, Verkehr und Industrie im Vordergrund. Während wir im Stromsektor in Deutschland einen Anteil erneuerbarer Energien von 30 % am Verbrauch erreicht haben, können wir das von den Bereichen Wärme

H. Thomas, *Rechtliche Rahmenbedingungen der Energiespeicher und der Sektorkopplung*, essentials, DOI 10.1007/978-3-658-17641-9_5

und Verkehr nicht sagen. Im Wärmebereich liegt der Anteil erneuerbarer Energien am Verbrauch bei etwa 13 %, im Verkehrsbereich nur zwischen 5 und 6 %. Für die Erhöhung des Anteils erneuerbarer Energien im Verkehr wurde lange über Biokraftstoffe gesprochen. Heute stehen Elektromobilität und Wasserstoffmobilität im Fokus der Aufmerksamkeit. In beiden Varianten wird Strom als Antriebsmittel für den Verkehr verwendet – im Falle der Elektromobilität direkt und im Falle der Wasserstoffmobilität über den Einsatz von Strom in der Elektrolyse zur Gewinnung von Wasserstoff. Dies alles spricht stark dafür, dass der Impetus für die Sektorkopplung gar nicht aus einem „Überangebot" von Strom im Stromsektor kommt, sondern aus der Nachfrage nach Strom aus den Sektoren Wärme und Verkehr. Strom wird in dieser Betrachtung zum Primärenergieträger.

Ein kurzfristiger Treiber der Sektorkopplung besteht möglicherweise auch in Netzengpässen, die gerade in Norddeutschland in den letzten Jahren aufgetreten sind. Netzengpässe können dazu führen, dass im Einspeisemanagement des EEG auch EEG-Anlagen zeitweise abgeregelt werden müssen. Hier stellt sich die Frage, ob dieser Strom gesamtökonomisch sinnvoller produziert und vor dem Netzengpass anderweitig verwendet werden kann. Zu prüfen ist, welchen Beitrag die Sektorkopplung leisten kann – dabei kann die Sektorkopplung in dieser Anwendung ggf. nur eine Behelfslösung für die Zeit sein, in der Netzengpässe bestehen. Im Grundsatz wird der Netzausbau als die volkswirtschaftlich sinnvollste Möglichkeit zur Vermeidung von Abregelungen angesehen und ist daher vordringlich umzusetzen.

Langfristig ist zu bedenken, dass mit den erneuerbaren Energiequellen Wind und Sonne das Stromsystem derart umgestaltet wird, dass zukünftig hohe Investitionskosten, aber niedrige Grenzkosten für die Stromerzeugung bestehen. Aufgrund der niedrigen Grenzkosten kann es dann Sinn machen, Strom in Zeiten hoher Produktion auch für Zwecke der Sektorkopplung einzusetzen. Letztlich geht es hier um eine Form der Speicherung des Stroms. Namentlich Power-to-Gas wird als eine Option für die langfristige Speicherung von Strom aus erneuerbaren Energien gesehen. Denn durch die Umwandlung von Strom in Wasserstoff/Methan könnten enorme Energiemengen durch Einspeisung in die Erdgasnetze gespeichert werden, welche die Speicherkapazitäten des Stromsystems weit hinter sich lassen.[1] Diese Form der Speicherung ist allerdings mit hohen Wirkungsgradverlusten verbunden. Daher dürfte dieser Treiber der Sektorkopplung erst für höhere Anteile erneuerbarer Energien im System gelten.

[1]Ausführlich siehe Sterner und Stadler 2014.

5.2 Sektorkopplung im Klimaschutzplan und im EnWG

Obwohl Sektorkopplung noch eine neue Begrifflichkeit ist, hat sie im Klimaschutzplan 2050 bereits umfangreiche und prominente Erwähnung gefunden. Der Grundgedanke des Klimaschutzes für den Energiesektor wird an verschiedenen Stellen des Klimaschutzplanes als folgender Dreier-Schritt formuliert: An erster Stelle stehen die Energieeffizienz und damit die Vermeidung unnötigen Einsatzes von Energie. An zweiter Stelle steht der direkte Einsatz von erneuerbaren Energien in allen Sektoren. An dritter Stelle folgt dann die Sektorkopplung, mit welcher der Klimaschutzplan in erster Linie eine Verwendung von grünem Strom für die Unterstützung beim Erreichen der Klimaschutzziele in den Sektoren Verkehr und Wärme meint.[2]

In § 1a Abs. 3 EnWG findet sich die Sektorkopplung nach der Novellierung durch das Strommarktgesetz nun als ein Grundsatz des Strommarktes. Im ersten Satzteil geht es zunächst um die erforderliche Flexibilisierung des Energiesystems, wenn gesagt wird, dass „ein Wettbewerb zwischen effizienten und flexiblen Erzeugungsanlagen, Anlagen zur Speicherung elektrischer Energie und Lasten" angestrebt wird. Die Sektorkopplung ist daher auch im Kontext der Flexibilisierung des Stromsystems zu sehen – aber nicht nur. Die „effiziente Kopplung des Wärme- und des Verkehrssektors mit dem Elektrizitätssektor" wird letztlich als eigener Grundsatz in dieser Vorschrift aufgeführt.

Wichtig ist dabei die Betonung, dass die Sektorkopplung nur Mittel zum Zweck ist. Sie soll neben anderen Maßnahmen die „Kosten der Energieversorgung verringern, Transformation zu einem umweltverträglichen, zuverlässigen und bezahlbaren Energieversorgungssystem ermöglichen und die Versorgungssicherheit gewährleisten". Die Sektorkopplung sowie auch die Flexibilitätsoptionen erscheinen hier im Kontext der Zieltrias des EnWG von Kostengünstigkeit, Umweltverträglichkeit und Versorgungssicherheit. Es wird also klargestellt, dass die Sektorkopplung nicht um ihrer selbst willen betrieben wird, sondern nur insoweit sie zu diesen Zielen für die Energiewirtschaft beiträgt.

Schaut man sich die Flexibilitätsoptionen an, so wird in dieser Vorschrift auch deutlich, dass keiner Flexibilitätsoption per se ein Vorrang eingeräumt wird. Stattdessen möchten das BMWi und der Gesetzgeber einen Wettbewerb zwischen

---

[2] Bundesregierung, Klimaschutzplan 2050, Klimaschutzpolitische Grundsätze und Ziele der Bundesregierung, 11.11.2016, S. 8, 11, 21 f., 28, 34.

den Flexibilitätsoptionen erreichen. Dies gilt für die Sektorkopplung ebenfalls, jedenfalls soweit sie als Flexibilitätsoption eingesetzt wird (siehe bereits oben Abschn. 2.5).

5.3 Entgelte, Abgaben und Umlagen bei der Sektorkopplung

Im Grundsatz gilt bei allen Sektorkopplungstechnologien: Die Umwandlung von Strom in einen anderen Energieträger ist Letztverbrauch. Deshalb fallen grundsätzlich alle Belastungen mit Netznutzungsentgelten, EEG-Umlage, Stromsteuer und sonstigen Abgaben und Umlagen an.[3]

Die besonderen Möglichkeiten für die Befreiung oder Reduzierung von Netzentgelten, EEG-Umlage und Stromsteuer bei Energiespeichern wurden bereits oben dargestellt (siehe Kap. 3). Soweit dort Befreiungsmöglichkeiten für Stromspeicher aufgezeigt wurden, greifen diese bei Sektorkopplungstechnologien oft nicht, wenn nämlich auch eine Rückverstromung vorausgesetzt wird. Ebenfalls aufgezeigt wurde aber, dass insbesondere für Power-to-Gas spezielle Befreiungstatbestände geschaffen worden sind.

Wenn diese speziellen Befreiungs- oder Reduzierungstatbestände nicht eingreifen, so kommen je nach der Lage im Einzelfall für bestimmte Entgelte, Abgaben und Umlagen Reduzierungs- oder Befreiungsmöglichkeiten aus dem allgemeinen Energiewirtschaftsrecht in Betracht. Wenn die Sektorkopplungstechnologie zum Beispiel von einem intensiven oder atypischen Netznutzer betrieben wird, können sich die Netznutzungsentgelte nach Maßgabe des § 19 der Stromnetzentgeltverordnung (StromNEV) reduzieren.

5.4 Power-to-Gas

Als erste Sektorkopplungstechnologie soll Power-to-Gas betrachtet werden. Bei Power-to-Gas wird Strom in der Wasserelektrolyse eingesetzt, um Wasserstoff zu gewinnen. Wasserstoff kann in einem zweiten Schritt durch Verbindung mit Kohlenmonoxid oder Kohlendioxid zu Methan umgewandelt werden. Strom wird durch die Umwandlung in Wasserstoff/Methan speicherbar. Im Folgenden wird

[3]Buchmüller und Hennig ZNER 2016, 384.

auf Regelungen zum privilegierten Netzzugang von Wasserstoff/Methan aus der Wasserelektrolyse sowie auf den Einsatz von Wasserstoff/Methan als Kraftstoff eingegangen.

5.4.1 Privilegierte Einspeisung in das Erdgasnetz

Mit dem Energiewirtschaftsgesetz in der Novelle von 2011 wurden die Möglichkeiten zur Einspeisung von Wasserstoff/Methan in das Erdgasnetz verbessert. Die privilegierenden Vorschriften für die Einspeisung von Biogas in das Erdgasnetz hat der Gesetzgeber auch auf Wasserstoff und Methan aus der Elektrolyse erstreckt. Hierfür wurde die Definition für „Biogas" im Sinne des EnWG in § 3 Nr. 10c EnWG erweitert um „Wasserstoff, der durch Wasserelektrolyse erzeugt worden ist, und synthetisch erzeugtes Methan, wenn der zur Elektrolyse eingesetzte Strom und das zur Methanisierung eingesetzte Kohlendioxid oder Kohlenmonoxid jeweils nachweislich weit überwiegend aus erneuerbaren Energiequellen im Sinne der Richtlinie 2009/28/EG" stammen. Damit werden in diesem Kontext auch Anforderungen an die Herkunft des Kohlendioxids oder Kohlenmonoxids gestellt.

Eine privilegierte Einspeisemöglichkeit in das Erdgasnetz wird also nur dann erreicht, wenn weit überwiegend Strom aus erneuerbaren Energien eingesetzt wird. In der Gesetzesbegründung werden für den weit überwiegenden Anteil mindestens 80 % vorausgesetzt.[4] Indem an dieser Stelle auf erneuerbare Energiequellen im Sinne der Richtlinie 2009/28/EG – der Europäischen Richtlinie zur Förderung der erneuerbaren Energien – verwiesen wird, greift ein potenziell weiteres Verständnis der erneuerbaren Energien als unter dem nationalen EEG.

Wird die Einstufung als Biogas erreicht, so sind damit die Vorschriften zur privilegierten Biogaseinspeisung in das Erdgasnetz in §§ 31 ff. der Gasnetzzugangsverordnung (GasNZV) grundsätzlich anwendbar. Hieraus sei die Netzanschlusspflicht in § 33 GasNZV hervorgehoben, nach welcher Netzbetreiber Anlagen vorrangig an die Gasversorgungsnetze anzuschließen haben und grundsätzlich vorbehaltlich bestimmter Situationen wie insbesondere einer langen Verbindungsleitung 75 Prozent der Kosten des Netzanschlusses zu tragen haben. Der Einspeiser von Biogas hat nach § 36 GasNZV sicherzustellen, dass das Gas den Voraussetzungen der Arbeitsblätter G 260 und G 262 des DVGW entspricht.

[4] BT-Drs. 17/6072, S. 94.

Die Einzelheiten der Gasnetzeinspeisung von Wasserstoff/Methan werden für die Praxis durch ein Positionspapier der BNetzA zur Anwendung der Vorschriften der Einspeisung von Biogas auf die Einspeisung von Wasserstoff und synthetischem Methan in Gasversorgungsnetze konkretisiert.[5] In dem Positionspapier hat die BNetzA mit Blick auf die Einspeisung von Wasserstoff die Verantwortung des Einspeisers für die Netzkompatibilität hervorgehoben. Wasserstoff könne lediglich als Zusatzgas in die Gasversorgungsnetze eingespeist werden. Die BNetzA stellt bei der Wasserstoffeinspeisung in dem Papier verschiedene Umstände dar, die sich begrenzend auf den Beimischungsgrad auswirken könnten. Unter bestimmten Bedingungen müsse der Wasserstoffeinspeiser auch eine spätere Minderung der Beimischquote hinnehmen, wenn sich Veränderungen der Gasflüsse im Einspeisenetz ergeben.

5.4.2 Einsatz als Biokraftstoff

Eine Besonderheit von Power-to-Gas als Energiespeichertechnologie ist, dass die Rückverstromung des Gases nur einen der möglichen Anwendungspfade darstellt und dass die Betreiber angesichts der niedrigen Wirkungsgrade der Rückverstromung gerade auch andere Anwendungen anstreben können. Ein interessanter Pfad ist dabei die Nutzung des Wasserstoffs oder Methans als Stromkraftstoff.

Von der Erreichung der Klimaschutzziele für den Verkehrssektor ist die Europäische Union noch weit entfernt. Dabei hat die EU in der Richtlinie 2009/28/EG das Ziel ausgegeben, dass in jedem EU-Mitgliedstaat der Anteil von Energie aus erneuerbaren Quellen bei allen Verkehrsträgern im Jahr 2020 mindestens 10 % des Endenergieverbrauchs im Verkehrssektor ausmachen soll.

Mit einer Änderung der europäischen Richtlinie für Erneuerbare Energien 2009/28/EG können nun auch „im Verkehr eingesetzte flüssige oder gasförmige erneuerbare Kraftstoffe nicht biogenen Ursprungs" mit dem Doppelten ihres Energiegehalts bei den nationalen Zielen für erneuerbare Energien im Verkehrs-

[5] BNetzA, Positionspapier zur Anwendung der Vorschriften der Einspeisung von Biogas auf die Einspeisung von Wasserstoff und synthetischem Methan in Gasversorgungsnetze, abrufbar unter: https://www.bundesnetzagentur.de/SharedDocs/Downloads/DE/Sachgebiete/Energie/Unternehmen_Institutionen/NetzzugangUndMesswesen/Gas/Einspeisung_Wasserstoff_u_synth_Methan/PosPapier2014.pdf?__blob=publicationFile&v=1, letzter Zugriff: 25.02.2017.

sektor angerechnet werden.[6] Außerdem soll jeder Mitgliedstaat einen Mindestanteil an fortschrittlichen Biokraftstoffen anstreben, zu denen auch die flüssigen oder gasförmigen Kraftstoffe nicht biogenen Ursprungs zählen. Als ein Richtwert für dieses Ziel soll ein Anteil fortschrittlicher Biokraftstoffe im Jahr 2020 von 0,5 % eingreifen. Von entscheidender Bedeutung ist letztlich, wie der deutsche Gesetzgeber die neuen Vorgaben aus Brüssel in nationales Recht umsetzen wird – konkret: welche Anerkennung von Wasserstoff/Methan aus erneuerbaren Quellen bei den Biokraftstoffquoten zukünftig im deutschen Recht möglich sein wird.

Für erneuerbare Kraftstoffe aus Wasserstoff oder Methan aus erneuerbaren Quellen soll in einer Verordnung zur Anrechnung von strombasierten Kraftstoffen und mitverarbeiteten biogenen Ölen (37. BImSchV) den europäischen Vorgaben folgend näher geregelt werden, wie die Anrechnung von erneuerbaren Kraftstoffen nicht biogenen Ursprungs auf die Biokraftstoffquoten erfolgt.[7] Dazu werden in Anlage 1 zur 37. BImSchV die spezifischen Treibhausgasemissionen für komprimiertes synthetisches Methan und komprimierten Wasserstoff in einer Brennstoffzelle angegeben. Auf dieser Grundlage kann ermittelt werden, inwieweit Wasserstoff und Methan auf die als Treibhausgasminderungsquoten ausgestalteten Biokraftstoffquoten angerechnet werden. Wichtig sind die Anrechnungsvoraussetzungen, die in § 3 der 37. BImSchV näher geregelt werden und in denen zwischen sog. netzgekoppelten Anlagen, Anlagen in einem Netzausbaugebiet und Bestandsanlagen unterschieden wird.

5.5 Power-to-Heat

Mit Power-to-Heat als Sektorkopplungstechnologie können elektrische Wärmeerzeuger eingesetzt und perspektivisch ein Beitrag zu den Klimaschutzzielen im Wärmesektor geleistet werden. Schon heute nehmen Power-to-Heat-Anlagen an den Regelenergiemärkten teil und tragen dadurch zur Systemstabilität bei. Die Einsatzmöglichkeiten für Power-to-Heat müssen aber auch mit Blick auf den Primärenergiefaktor bei der Erzeugung von Wärme aus Strom ermittelt werden.

Bei der Nutzung von Strom für eine Power-to-Heat-Einrichtung fallen grundsätzliche sämtliche „Stromnebenkosten" von EEG-Umlage, Netzentgelten und Stromsteuer an. Besondere Befreiungstatbestände für Power-to-Heat gibt es nicht.

[6] Siehe Anhang IX, Teil A lit. r) der Richtlinie 2015/1513.

[7] Siehe BT-Drs. 18/11283. Das Inkrafttreten der Verordnung ist erst zum 01.01.2018 geplant, etwaige Änderungen sind abzuwarten.

Je nach der Lage im Einzelfall können sich über die allgemeinen Regelungen aber ggf. Reduzierungen oder Befreiungen ergeben. Zum Beispiel sind bei Nutzung einer Power-to-Heat-Anlage individuelle Netznutzungsentgelte nach § 19 StromNEV möglich. In bestimmten Konstellationen kommen auch Befreiungen von der Stromsteuer nach § 9 Abs. 1 Nr. 1 oder Nr. 3 StromStG in Betracht.

Im Zuge der EEG-Novelle zum EEG 2017 hat der Gesetzgeber ein Instrument für zuschaltbare Lasten in § 13 Abs. 6a EnWG aufgenommen. Dieses soll den Einsatz von elektrischen Wärmeerzeugern im Zusammenspiel mit KWK-Anlagen ermöglichen, um in besonders stark von Abregelungen von EEG-Anlagen betroffenen Gebieten Strom auch dann sinnvoll nutzen zu können, wenn er aufgrund bestehender Netzengpässe nicht abtransportiert werden kann. Hintergrund der Regelung sind vor allem die erheblichen Abschaltungen von Windenergieanlagen in Norddeutschland im EEG-Einspeisemanagement, die infolge von Netzengpässen in den letzten Jahren vorgenommen wurden.

Mit der neuen Regelung in § 13 Abs. 6a EnWG können Übertragungsnetzbetreiber mit Betreibern von KWK-Anlagen vertragliche Vereinbarungen zur Reduzierung der Wirkleistungseinspeisung aus der KWK-Anlage und gleichzeitigen Lieferung von elektrischer Energie für die Aufrechterhaltung der Wärmeversorgung schließen. Voraussetzungen sind unter anderem, dass die KWK-Anlage technisch zur Beseitigung von Gefährdungen oder Störungen der Netzsicherheit bzw. Zuverlässigkeit aufgrund von Netzengpässen geeignet ist, vor dem 1. Januar 2017 in Betrieb genommen worden ist und eine installierte elektrische Leistung von mehr als 500 kW hat. Außerdem müssen sich die Anlagen im Bereich des Netzausbaugebietes befinden, das auf der Grundlage des EEG 2017 festgelegt wird. Die Übertragungsnetzbetreiber sollen nach der hierüber zu treffenden Vereinbarung eine angemessene Vergütung zahlen und die Kosten für die Lieferung der elektrischen Energie erstatten. Außerdem sollen sie die erforderlichen Kosten für die Investition für die elektrische Wärmeerzeugung einmalig erstatten.

Der Gesetzgeber begründet die Beschränkung dieses Instruments auf zuschaltbare Lasten an KWK-Anlagen mit der doppelten Entlastungswirkung, die bei gleichzeitiger Abschaltung der KWK-Anlage erreicht werden könnte.[8] Zukünftig werden auch weitere Instrumente wie beispielsweise technologieoffene Ausschreibungen für die Abnahme der Strommengen aus dem Einspeisemanagement zu diskutieren sein.

[8]BR-Drs. 310/16, S. 400; siehe auch Buchmüller und Hennig ZNER 2016, S. 384 (385).

5.6 Elektromobilität

Für den Einsatz von Strom in Elektromobilen hat der Gesetzgeber zusammen mit dem Strommarktgesetz angesichts der Besonderheiten von Elektromobilen wichtige Festlegungen getroffen.

5.6.1 Regelungen zu Ladepunkten im EnWG

Der Strombezug der Ladepunkte für Elektromobile wird nun als Letztverbrauch behandelt. Hierzu bedient sich der Gesetzgeber in § 3 Nr. 25 EnWG einer Fiktion und regelt, dass der Strombezug der Ladepunkte für Elektromobile dem Letztverbrauch im Sinne des EnWG gleichsteht.

Hierdurch soll der Letztverbrauch im energiewirtschaftlichen Sinne bereits am Ladepunkt durch den Betreiber des Ladepunktes stattfinden und nicht erst beim späteren Verbrauch im Fahrzeug.[9] Die energiewirtschaftlichen Pflichten sollen damit bereits bei der Belieferung des Ladepunktes im Verhältnis zwischen Energielieferant, Netzbetreiber und dem Betreiber des Ladepunktes gelten – nicht aber im Verhältnis zwischen Ladepunktbetreiber und dem Nutzer des Elektromobils.[10]

In § 17 EnWG hat der Gesetzgeber weiter eine Anschlusspflicht für Ladepunkte für Elektromobile an das Energieversorgungsnetz aufgenommen. Der Ladepunkt wird so anderen Entnahmepunkten gleichgestellt.[11]

Diese gesetzgeberischen Aussagen haben erhebliche Bedeutung für den Aufbau einer Ladeinfrastruktur, welche für die Elektromobilität benötigt wird. Die Ladepunkte möchte der Gesetzgeber nicht als Teil des Netzes behandeln und damit nicht über die Netzentgelte finanzieren.[12]

5.6.2 Netzentgelte, Umlagen und Abgaben bei der Elektromobilität

Bei der Belieferung von Elektromobilen mit Strom bzw. bei den Netzentgelten bereits bei der Belieferung der Ladepunkte ist zunächst davon auszugehen, dass

[9]Herz und Hennig ZNER 2016, S. 132 und 134.

[10]BT-Drs. 18/7317, S. 73.

[11]Herz und Hennig ZNER 2016, S. 132 (134).

[12]BT-Drs. 18/7317, S. 114.

Netznutzungsentgelte, EEG-Umlage, Stromsteuer und die weiteren Umlagen und Abgaben grundsätzlich anfallen.

Ein Eingreifen der oben in Kap. 3 diskutierten Ausnahme- oder Reduzierungstatbestände sowie weiterer allgemeiner Ausnahmen oder Reduzierungen ist je nach Lage im Einzelfall denkbar. Eine Freistellung von den Netzentgelten würde bei Anlagen zur Speicherung elektrischer Energie aber wie in Abschn. 3.1 dargestellt nach § 118 Abs. 6 Satz 3 EnWG insbesondere erfordern, dass die zur Ausspeisung zurückgewonnene elektrische Energie zeitlich verzögert wieder in dasselbe Netz eingespeist wird. Dies wird bei der Elektromobilität selten der Fall sein. Hinzu kommt die Besonderheit, dass im EnWG nun auf den Ladepunkt als Letztverbraucher abgestellt wird. Auch deshalb ist das Eingreifen dieses Tatbestandes fraglich.

Grundsätzlich möglich ist aber ein reduziertes Netzentgelt für steuerbare Verbrauchseinrichtungen in Niederspannung nach § 14a EnWG. Hierfür muss mit Netzbetreibern im Gegenzug die netzdienliche Steuerung von steuerbaren Verbrauchseinrichtungen, die über einen separaten Zählpunkt verfügen, vereinbart werden. Im zweiten Satz der Vorschrift werden Elektromobile ausdrücklich als steuerbare Verbrauchseinrichtungen einbezogen. Eine diese Vorschrift konkretisierende Verordnung steht aber noch aus, zudem beschränkt sich dies auf die Frage der Netzentgelte.

Bei der EEG-Umlage ist insbesondere denkbar, dass bei der Belieferung von Elektromobilen über das Eigenversorgungsprivileg nur eine reduzierte oder sogar keine EEG-Umlage anfallen kann. Hierfür müssen die in Abschn. 3.2.3 überblicksartig dargestellten Voraussetzungen eingehalten werden. Sehr fraglich ist dabei, ob die besondere Definition des Ladepunktes als Letztverbraucher im EnWG auch Auswirkungen auf das EEG hat. Denn der Gesetzgeber hat bei der Definition des Strombezugs von Ladepunkten als Letztverbraucher im EnWG betont, dass die Definition des EnWG nicht gilt, soweit der Letztverbrauch in anderen Gesetzen wie insbesondere im EEG abweichend geregelt ist.[13] Die eigene Definition des Letztverbrauchers im EEG hat der Gesetzgeber nicht in derselben Weise wie im EnWG verändert. Bei der Prüfung, ob bei der Versorgung des Ladepunktes möglicherweise eine Eigenversorgungskonstellation im Sinne des EEG gegeben ist und damit ggf. eine reduzierte EEG-Umlage anfällt, ist daher auf die Definition des Letztverbrauchers im EEG abzustellen.

Bei einer Lieferung von Strom an die Ladepunkte für Elektromobilität über das Netz für die allgemeine Versorgung ist in aller Regel davon auszugehen, dass

[13]BT-Drs. 18/7317, S. 78.

die EEG-Umlage in vollem Umfang abzuführen ist.[14] Eine Reduzierung oder sogar Befreiung über das Eigenversorgungsprivileg ist ausnahmsweise in besonderen Konstellationen vor allem unter Einbeziehung dezentraler Erzeugungsanlagen denkbar.

5.7 Fazit Sektorkopplung

Schon heute kann Sektorkopplung auf der Basis der hier dargestellten besonderen Regelungen sowie der allgemeinen Vorgaben des Energiewirtschaftsrechts verwirklicht werden. Ihr volles Potenzial wird damit aber noch nicht ausgeschöpft werden können, da auch das Energiewirtschaftsrecht in vielen Teilen sektorspezifisch denkt.

Mit der Sektorkopplung werden zuvor getrennte Bereiche der Energiewirtschaft zusammenkommen – technisch und wirtschaftlich, aber auch in den regulatorischen Rahmenbedingungen. Der regulatorische Rahmen steht vor der Herausforderung, Sektorkopplung zu ermöglichen, aber im Rahmen der Zieltrias des Energiewirtschaftsrechts von Umweltverträglichkeit, Wirtschaftlichkeit und Versorgungssicherheit sowie mit der Maßgabe, dass ein Wettbewerb zwischen den Flexibilitätsoptionen greifen soll.

[14]Siehe dazu auch BT-Drs. 18/7317, S. 78.

Was Sie aus diesem *essential* mitnehmen können

- Ein eigenständiges Gesetz für die Energiespeicherung gibt es nicht. Der Rechtsrahmen für Energiespeicher ergibt sich aus den allgemeinen energiewirtschaftsrechtlichen und öffentlich-rechtlichen Regelungen sowie spezifischen Einzelregelungen, die für bestimmte Fragen der Speicherung geschaffen worden sind.
- In der Rechtsprechung des BGH wird die Entnahme von Strom für den Pumpvorgang in einem Pumpspeicherwerk als netzentgeltpflichtiger Letztverbrauch eingestuft. Dieser Entscheidungslogik folgend dürften bereits für den Strombezug eines Stromspeichers im Grundsatz sämtliche Kostenbelastungen durch Netznutzungsentgelte, EEG-Umlage, Stromsteuer etc. anfallen können.
- Es stellt sich daher für den Strombezug eines Energiespeichers stets die Frage, welche Befreiungen oder Reduzierungen von Netzentgelten, EEG-Umlage und Stromsteuer ggf. eingreifen. Im Bereich der Stromspeicher hat der Gesetzgeber mehrere Ausnahmetatbestände geschaffen, welche eine Doppelbelastung der Stromspeicher mit den Entgelten, Abgaben und Umlagen oft vermeiden. Dennoch ist für ein Speicherprojekt die detaillierte Auseinandersetzung mit diesen Tatbeständen und ihren Voraussetzungen unerlässlich.
- Energiespeicher können aufgrund ihrer technischen Eigenschaften an diversen Energiemärkten teilnehmen und müssen sich an diesen Märkten im Wettbewerb der Flexibilitätsoptionen behaupten. Eine Forschungsförderung kann für bestimmte Projekte erhältlich sein. Speicher können auch eine „Anlage“ im Sinne des EEG sein, womit aber keine besondere Förderung verbunden ist, sondern lediglich die EEG-Förderung für Strom aus erneuerbaren Energien auch nach einer Zwischenspeicherung aufrechterhalten wird.

H. Thomas, *Rechtliche Rahmenbedingungen der Energiespeicher und der Sektorkopplung,* essentials, DOI 10.1007/978-3-658-17641-9

- Langfristig wird Sektorkopplung in einem weitgehend auf erneuerbaren Energien beruhendem System eine wichtige Rolle der Energiespeicherung und volkswirtschaftlich optimierten Nutzung der erneuerbaren Energien einnehmen. Zum Zwecke des Einsatzes von Power-to-Gas, Power-to-Heat und Elektromobilität sind bereits mehrere Regelungen geschaffen worden. Der regulatorische Rahmen wird sich auf der Basis der Zielsetzung, einen Wettbewerb aller Flexibilitätsoptionen zu ermöglichen, aber noch weiterentwickeln.

Literatur/Weiterführende Literatur

Altrock M, Oschmann V, Theobald C (2013) EEG, Kommentar, 4. Aufl. Beck, München

Altrock M, Thomas H, Vollprecht J (2016) Power to Heat – Kostenbelastungen, Regelenergie und Überschussstrom. Z gesamte Recht Energwirtsch (EnWZ), S 106 ff

Buchmüller C, Hennig B (2016) Zuschaltbare Lasten, Innovationsausschreibungen, Experimentierklauseln und vieles mehr – Die Entstehung eines Rechtsrahmens für die Sektorkopplung? Z N Energr (ZNER) 2016(5):384 ff

Drerup M, Bourwieg K (2016) Zur energierechtlichen Einordnung von netzgekoppelten Stromspeicheranlagen. Energr (ER) 2016:197 ff

Heller H (2013) Optimierung der energierechtlichen Rahmenbedingungen durch den Einsatz moderner Stromspeichertechnologie. Z Inst Energr Wettbewr Kommunalen Wirtsch (EWeRK) 2013:177 ff

Herz S, Hennig B (2016) Ausgewählte Rechtsfragen dezentraler Energiekonzepte – Teil 2: Mobile Energiespeicherung (Elektromobilität). Z N Energr (ZNER) 2016:132 ff

Lehnert W, Vollprecht J (2012) Der energierechtliche Rahmen für Stromspeicher – noch kein maßgeschneiderter Anzug. Z N Energr (ZNER) 2012:356 ff

Lietz F (2014) Die Qualifikation von Stromspeicherbetreibern als Letztverbraucher – Eine kritische Betrachtung. Z Inst Energr Wettbewr Kommunalen Wirtsch (EWeRK) 2014:96 ff

Krebs H (2012) Netzentgelte für Elektrizitätsspeicher. Recht der Energwirtsch (RdE) 2012:19 ff

Reshöft J, Schäfermeier A (2014) EEG, Kommentar, 4. Aufl. Beck, München

Sailer F (2012) Das Recht der Energiespeicherung nach der Energiewende – die neuen Regelungen zur Stromspeicherung im EnWG und EEG. Z N Energr (ZNER) 2012:153 ff

Schwintowski H-P (2015) Konfiguration und rechtliche Rahmenbedingungen für den modernen Batteriespeichermarkt. Z Inst Energr Wettbewr Kommunalen Wirtsch (EWeRK) 2015:81 ff

Schwintowski H-P (2016) Verfassungs- und europarechtliche Grenzen zulässiger Präqualifikation auf Märkten für Regelenergie. Z Inst Energr Wettbewr Kommunalen Wirtsch (EWeRK) 2016:248 ff

Stappert H, Vallone A, Groß F-R (2015) Die Netzentgeltbefreiung für Energiespeicher nach § 118 Abs. 6 EnWG. Recht der Energwirtsch (RdE) 2015:62 ff

H. Thomas, *Rechtliche Rahmenbedingungen der Energiespeicher und der Sektorkopplung,* essentials, DOI 10.1007/978-3-658-17641-9

Sterner M, Stadler I (2014) Energiespeicher – Bedarf, Technologien, Integration, Springer Vieweg, Berlin

Thomas H (2011) In der Entwicklung: Der Rechtsrahmen für erneuerbares Gas aus der Elektrolyse mit (Wind-)Strom. Z N Energr (ZNER) 2011:608 ff

Thomas H, Altrock M (2013) Einsatzmöglichkeiten für Energiespeicher. Z Umweltr (ZUR) 2013:579 ff

Weyer H, Lietz F (2014) Entflechtungsvorgaben für den Betrieb von Stromspeichern – Teil 1. Z N Energr (ZNER) 2014:241 ff

Wieser M (2011) Energiespeicher als zentrale Elemente eines intelligenten Energieversorgungsnetzes – Rechtliche Einordnung. Z Umweltr (ZUR) 2011:240 ff

Printed in the United States
By Bookmasters